기능구조분석에 기반한

선박의 이해

기능구조분석에 기반한

선박의 이해

문상원 저

PNUPRESS

추천사

"대단하네!", 우리 부 직원이 선박에 관한 책을 출간한다는 소식을 듣고 제가 처음 한 말입니다. 저자는 해양수산부에서 어선안전정책을 담당하고 있는 공무원입니다. 중앙부처에 근무하며 격무(激務) 속에서도 대학생 때부터 꿈꿔온 전문 서적 출간이라는 결실을 이룬 저자의 노고에 존경과 격려의 박수를 보냅니다.

저자는 조선·선박 분야의 민간기업 근무경력을 겸비한 해양수산부 공무원으로서, 어선 특성을 반영한 어선 검사 기준을 마련하고, 안전과 복지를 강화한 표준어선형 기준 고시를 제정하는 등 맡은 업무에서도 눈에 띄는 성과를 보여주고 있습니다.

이러한 저자가 선박 관련 업무에 참고할 수 있는 기능구조분석을 기반으로 한 전문 서적을 출간했습니다. 이 책은 기능구조라는 분석 틀로 총론 격인 '선박의 이해'를 제시하고, 세부 각론은 선박의 핵심기능을 중심으로 '부양(浮揚)성능', '적재(積載)성능', '이동성능'으로 나눠 별도 책으로 설명하고 있습니다. 이는 다양한 독자들이 선박을 좀 더 쉽게 알아가는 데 도움이 될 것입니다.

잘 아시다시피, 우리나라는 삼면이 바다로 둘러싸여 수출입 화물의 99.7%를 해상을 통해 운송합니다. 이런 측면에서 선박은 우리에게 필수불가결한 운송 수단이며 국부(國富)의 원천입니다. 이러한 선박을 이해하고 관련 업무에 활용할 수 있는 서적이 발간되어 해양수산부 장관으로서 더욱 반갑습니다.

'기능구조분석에 기반한 선박의 이해' 시리즈는 저자의 열정과 끈기로 드디어 세상의 빛을 보게 되었습니다. 다시 한번 서적 발간을 축하하며, 이 책이 해양수산정책을 담당하는 공무원들을 비롯한 선박에 관심이 있는 모든 분에게 알토란같이 쓰이기를 바랍니다.

2022년 4월
해양수산부 장관 문성혁

기능구조분석에 기반한

선박의 이해

목차

들어가는 말

이 책의 목적 및 활용에 관하여

들어가는 말

이 책의 목적 및 활용에 관하여

이 책의 목적은 선박과 관련하여 처음으로 공부를 시작하거나, 관련 업무를 수행하는 실무자 등을 위해 선박에 대한 거시적인 관점과 미시적인 내용을 손쉽게 이해할 수 있도록 하는 것이다.

이 책에서 다루고 있는 개별적인 내용에 대해 보다 전문적이고 잘 설명된 책들이 많이 있다. 다만, 이 책은 선박의 기본성능을 토대로 선박을 기능 중심으로 구조화하여 나타내고, 각 기능이 발현되기 위해 필요한 요소를 구체화함으로써 선박에 관한 거시적 관점과 미시적 관점을 함께 살펴볼 수 있게 하고 있다.

이러한 차별성이 선박을 처음 접하는 입문자 또는 선박에 관한 이해를 넓히고자 하는 실무자에게 전체적인 숲을 보여주고, 필요에 따라 세부적인 내용을 찾아서 심도 있는 학습을 할 수 있는 지도(Map) 역할이 되기를 희망한다. 그런 면에서, 조선기술사, 조선기사 등 자격증을 준비하거나, 선박을 처음 접하는 공학도들에게 도움을 줄 수 있으리라 믿는다.

이 책은 선박의 기본성능(부양성능-적재성능-이동성능)을 토대로 하여, 선박을 기능 중심으로 구조화하고 있다. 모든 선박이 갖는 세 가지 기본성능에 따라 정리된 이 책은 전체적으로는 한 권이면서, 동시에 독립적인 네 권으로 나누어져 있다. 선박의 전체 체계를 기능구조로 설명하는 첫 권과 부양성능을 설명한 두 번째, 적재성능에 관한 세 번째, 그리고 이동성능을 다루는 네 번째 권이 그것이다.

첫 권인 '기능구조분석에 기반한 선박의 이해'는 누구나 편하고 가볍게 읽을 수 있지만 선박을 종합적 관점에서 기능 중심으로 파악할 수 있도록 하였다. 첫 권은 기능구조분석의 개념과 선박에 대한 기능구조분석의 전달에 집중하여 최대한 간략하게 적고자 했다. 얇고 그 어떤 수식도 없지만, 핵심적인 개념을 담고 있고, 네 권의 중심에서 다른 세 권의 책을 잇는 가교 역할을 한다. 책 첫 권을 바탕으로 이후 세 권의 책에서 보다 상세한 내용을 참조하여 읽으면 효율적일 것이다.

선박의 부양성능, 적재성능 및 이동성능에 관한 각 권은 본문과 부록으로 구성되어 있고, 본문은 내용의 묶음에 따라 편-장-절 순으로 분류하고 있다. 본문의 제1편은 선박의 기능구조분석을 통해 전체기능을 설명하고, 제2편은 선박의 기능구조분석에 기반하여 분해된 각 기능에 대해 세부적인 내용을 다루고 있다. 제1편이 숲이라면 제2편은 나무에 해당한다. 제3편은 선박을 둘러싸고 있는 제도적 환경에 관해서 설명하고 있고, 부록은 본문에 따른 관련 수학, 과학, 공학 등의 내용을 담고 있다.

선박의 부양성능, 적재성능 및 이동성능에 관한 각 권의 본문 중 제2편은 장, 절 및 각 주제를 서술하기에 앞서 해당 부분이 어느 기능구조에 속하는지와 왜 학습해야 하는지 그리고 어떻게 활용되는지에 대한 내용을 설명한 후 본론을 서술한다. 또한 본문의 각 주제당 서술은 일반적인 용어를 기반으로 최대한 쉽게 풀어쓰며, 정보전달이 용이한 개조식으로 핵심적 기능을 설명했다.

선박에 대한 체계와 실무적 지식을 익히고자 하는 경우는 제1편에서 제3편까지의 내용을 중심으로 학습하고, 이론적 기초를 파악하고자 하는 경우에는 제1편을 참조하여 부록의 수학, 과학 및 공학으로 이어지는 흐름을 익히도록 한다. 그리고 필요한 경우, 인용된 서적을 중심으로 해당 영역에 보다 전문적인 서적을 찾아보면 깊이를 더할 수 있을 것이다.

끝으로 이론과 실무의 연관성에 관해 설명하고자 한다. 조선공학은 선박의 건조 산업을 위한 학문이라 할 수 있다. 선박 건조는 산업이기 때문에 이윤을 창출하여야 하며, 시장의 여건 등에 따라 그에 맞는 산업의 흐름에 적응해야 한다. 제조업 특성상 산업의 흐름을 주도하기 위해서는 기술개발을 이끌어야(흐름의 변화를 주도해야) 하고, 기술을 개발하기 위해서는 원천 기술인 공학의 이해가 요구된다.

또한, 공학은 자연현상의 원리를 설명하고 그 안에서 규칙을 발견하는 과학을 기반으로 한다고 할 수 있다. 예를 들어 공학을 학습하기에 앞서 뉴턴의 물리법칙을 알지 못하면 이해하기 어려운 것과 같은 이치이다.

그리고 과학은 수학과 분리될 수 없는 학문이라 할 수 있다. 과학은 앞서 언급한 바와 같이 자연현상의 원리를 설명하고 규칙을 발견하는 것에 초점이 맞춰져 있는데 그 원리를 합리적으로 설명하고 정량화할 수 있는 수단이 수학이기 때문이다.

이러한 개념에서 본문에서는 선박의 기능구조와 실무지식을 설명하고, 부록에서는 이론적 배경인 수학, 과학 및 공학을 중심으로 서술하고 있다.

곰곰이 잘 따져보면 부록의 기초수학에서 공학 이론까지는 대학에서 학습하는 내용이며, 본문은 실무에서 익힐 수 있는 내용이다. 지도와 같은 역할을 하고자 한다는 의미는 이론과 실무의 연관성을 Mapping 한다고도 할 수 있을 것이다.

기능구조분석에 기반한 선박의 이해

1. 기능구조분석의 개념 및 활용
2. 고유설계, 적응설계 및 변형설계
3. 선박의 기능구조분석

기능구조분석에 기반한 선박의 이해

1. 기능구조분석의 개념 및 활용

: 선박을 기능 중심으로 분석하기 위한 수단인 기능구조분석의 개념을 살펴보고 어떻게 활용될 수 있는지 소개한다.

2. 고유설계, 적응설계 및 변형설계

: 원천기술에 해당하는 고유설계, 설계조건 변경에 따라 고유설계로부터 설계조건을 수용하도록 하는 적응설계 그리고 고유설계나 적응설계를 토대로 형상 또는 배치를 약간씩 바꾸면서 목표상태의 필수기능을 향상시키는 변형설계의 개념을 소개한다. 현재 선박설계는 대부분 변형설계에 해당함에 따라 변형설계 관점에서 선박의 기능구조분석이 왜 중요한지 살펴본다.

3. 선박의 기능구조분석

: 선박의 정의에 기반하여, 선박이 지녀야 하는 목적을 이루기 위한 기본성능 그리고 기본성능을 분해한 세부성능으로 나눈다. 분해된 각 세부성능을 구현하기 위한 주요 제원을 살펴보고, 주요 제원은 다시 세부 제원으로 기능구조분석을 시행한다. 최종 하위에는 해당 기능의 바탕이 되는 공학과의 연관성을 나타낸다. 선박의 기능구조분석은 어떠한 관점에서 얼마나 세밀하게 쪼개는가에 따라 달라질 수 있다.

1. 기능구조분석의 개념 및 활용

기능구조분석은 선박뿐만 아니라 모든 대상과 모든 분야에서 동일한 방식으로 대상의 기능을 체계화하여 분석할 수 있는 강력한 수단이다.

기능구조분석은 공학에서도 매우 유용한 수단이다. 공학의 관점에서 기능구조분석의 유용성을 살펴봄으로써 선박을 이해하기 위해 기능구조분석을 활용할 필요성을 살펴본다.

공학 문제를 **일반화**해보면, 공학은 과학을 토대로 인간의 삶에서 만나지는 문제들을 해결하는 학문으로 그 효율성을 돈과 시간으로 나타낸다.

예를 들어보자. 오랜 옛날 무역을 위해 대륙 간에 대량의 화물을 저렴하게 이동해야 하는 문제가 발생했다고 하면, 해결 방법으로 해상운송 수단이라는 기능이 요구된다. 해상운송 수단의 기능을 달성하기 위해서는 물에 떠서 화물을 싣고 이동할 수 있어야 한다는 기능이 도출되고, 물에 뜨기 위해서는 어떤 재질로 어떻게 만들어야 할지, 그리고 어떤 방법으로 이동시킬지 당시의 기술과 과학적 지식을 통해 방법을 찾게 될 것이다. 그리고 가능하다면 수학을 통해 가능성과 효율성을 검증하고, 이것이 어렵다면 실험 등을 통해 확인할 것이다. 이러한 흐름이 공학이라 할 수 있다.

기능구조분석이란, 대상의 목적을 발현하기 위한 핵심기능과 그 핵심기능들을 구성하는 하위기능들을 계층적으로 찾아 주는 것이다. 이러한 작업은 계층구조를 따라서 Top-down 방식으로 진행된다.

기능구조분석은 정의에서 출발한다. 정의란 대상의 일반화*를 통해 개념의 외연(어떠한 개념이 적용되는 범위)을 규정하고, 추상화**를 통해 개념의 내포(어떠한 개념이 적용되는 범위에서 대상이 공통적으로 지니는 성질)를 명확하게 하는 핵심적인 설명이다. 즉, 정의를 통해 적용범위와 공통요소(공통요소란 기능 전반에 영향을 미치는 핵심요소 라고 할 수 있다)를 알 수 있다. 따라서 정의를 기반으로 이질적인 핵심기능을 분류하여 절점으로 설정하고, 이 절점(Node)을 분기점으로 기능구조분석을 반복하여 구조화하는 것이다.

* 일반화 : 연관성 있는 2개 이상의 개념을 묶어 상위 개념을 형성하는 것

** 추상화 : 개별적 사물 또는 구체적 개념으로부터 공통요소를 뽑아 일반적 개념으로 파악하는 것

기능구조분석 방법을 살펴보자. 정의에 기반해서 전체기능을 발현시키는 주기능을 도출하고, 다시 주기능과 유기적으로 결합한 부분기능을 세분화하는 방식으로 기능구조분석은 이루어진다. 기능구조 구성은 맨 위가 주된 전체기능이고, 아래는 주기능을 이루는 부분기능-세부기능-하부기능(각 기능의 명칭은 중요하지 않다. 점점 세분화한다는 개념이 중요하다)들이 깔린다. 먼저, 전체기능을 확인하고, 다음으로 전체기능을 발현시키는 부분기능으로 나누어준다. 그리고는 부분기능은 다시 세부기능들이 묶여서 구성되는 방식으로 만들어진다. 기능구조의 형성*은 아래에서 위로 향하는(Bottom-Up) 방식으로 이뤄진다. 기능구조를 나타내는 Tree 그래프에서 기능들이 서로 만나지는 Node는 기능이나 특성의 분기점이 된다. 또한, 기능의 충돌은 Node에서 발생한다. 기능구조분석의 진행에 따라 세부기능이 일정 수준으로 세분화되어 더 이상 기능적으로 나누어지지 않으면 기능구조분석을 멈추거나, 그 세부기능을 발현하기 위한 구성요소를 분석하는 과정으로 전환된다. 앞서 설명한 방법과 동일하게 적용되지만, 분석의 관점이 기능에서 구성요소로 전환되는 시점이다. 기능구조분석의 정밀도는 필요성, 분석자의 배경지식 및 판단에 따라 달라진다. 대상을 기능 중심으로 세분화할 때, 분석자의 배경지식 및 판단에 따라 어떤 묶음의 단위로 구성할지가 달라지며, 얼마나 정밀한 분석이 필요한지에 따라 몇 번의 분석을 거칠지가 결정되기 때문이다.

다만, 정의가 불분명하여 개념의 외연(적용범위)과 내포(공통특성)가 명확하지 않다면 정의에 대한 재정립이 선행되어야 한다. 그리고나서 대상의 전반에 영향을 미치는 핵심기능(또는 주기능)의 도출을 거쳐 앞서 설명한 과정을 따라야 한다.

* 반대로 기능구조분석은 정의로부터 위에서 아래로 향하는 Top-Down 방식이다.

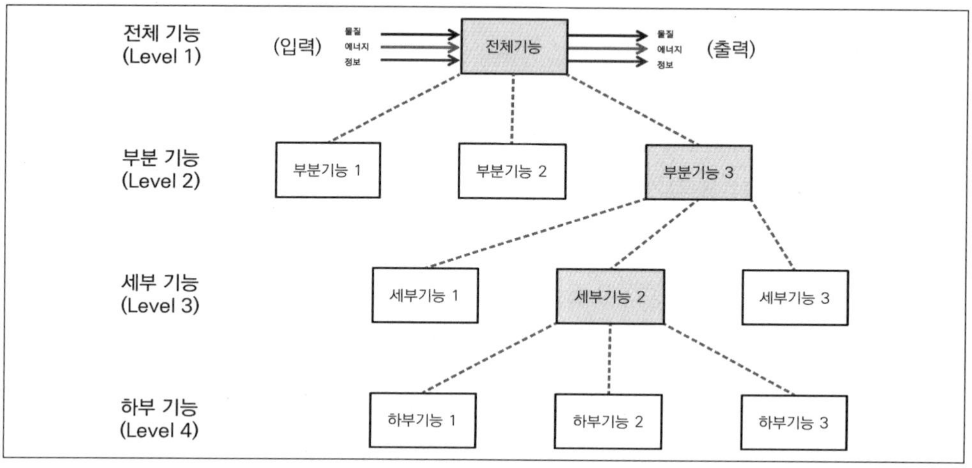

<기능구조분석 개념도> [김수영, 「문제」, 부산대학교출판문화원, 2020, 64쪽]

기능구조분석의 활용은 문제를 정의하고 해결하는 것에 있어서 유용한 수단이 된다. 특히 새로운 기능을 개발하거나, 여건 변화에 따라 기능의 변형이 필요할 때 또는 대상을 효율적으로 분석하고자 할 때 기능구조분석의 가치가 드러난다. 대상을 체계적으로 독립적인 기능·요소 단위로 분석하기 때문에 원하는 목적을 달성하기 위해 어떤 기능·요소를 수정해야 하는지 알 수 있고, 그로 인해 연관된 다른 기능·요소의 영향을 파악할 수 있다. 간단히 정리하면, 문제해결을 위해 무엇을 수정해야 하는지 알 수 있고, 그 수정으로 인해 영향을 손쉽게 예측할 수 있다는 것이다.

새로운 어떤 대상을 만든다고 할 때, 요구기능을 도출하고 요구기능 달성을 위해 필요한 하위 기능들을 세분화하여, 각 세부기능의 달성 방법을 찾음*으로써 효율적으로 요구기능을 달성하도록 한다.

* 만약, 현존 기술이 세부기능을 달성할 수 없는 경우라면, 새로운 어떤 대상을 만드는 것이 불가능함을 인지할 수 있도록 한다.

기존의 어떤 대상을 분석하거나 변형할 때, 대상의 정의로부터 기능단위를 분리하고, 다시 세부기능단위로 나누어 기능중심으로 구조화함으로써 체계적으로 대상을 이해할 수 있다. 또한, 이를 토대로 기능구조변형의 요구에 보다 더 효과적으로 대응할 수 있다.

예시를 통해 간단한 기능구조분석을 실시해봄으로써 기능구조분석의 방법을 익히고, 유용성을 재확인하기로 한다. 주요한 사항은 기능구조분석의 전개 방법과 어떻게 쓰일 수 있는지를 이해하는 것이다. 전개 방법은 자연스럽게 예시를 따라가면 된다. 하지만, 기능구조분석의 쓰임을 이해하기 위해서는 예시를 읽기 전 잠시 생각의 시간을 갖기를 바란다. 예시를 시작하기 전 미션을 소개하고 있는데 본인이라면 그 미션을 어떻게 처리할 것인가에 대해서 잠시 생각해보자. 그리고 예시가 끝난 뒤 기능구조분석 수행 전 주어진 정보와 기능구조분석이 끝난 뒤 결과물이 어떠한지를 살펴보자. 기능구조분석을 통한다면 어떤 대상이든 주어진 정보 즉, 정의만으로도 체계적으로 분석된 결과를 얻을 수 있음을 이해할 수 있을 것이다. 예시는 다양한 영역의 다른 대상에 대해 기능구조분석이 적용되는 과정을 소개하기 위해 안전진단과 법률로 한다.

첫 번째 기능구조분석의 예시는 "지금 머무는 집이 안전한가? 에 대해서 건축물 안전진단"을 해보기로 한다(혹은 특정 건축물에 대한 안전진단이라는 업무를 맡았다고 가정하자). 건축분야에 전문적인 지식이 없는 경우라면, 어떻게 풀어가야 할지 난감할 수 있지만, 철저하게 앞서 설명한 정의를 기반으로 하여 목적과 필수기능을 중심으로 대상을 구조화하는 기능구조분석 방법에 따라 건축물 안전진단을 수행하기로 한다.

먼저 대상을 정의한다. 건축물은 관련 설비를 내포하고 있기 때문에, 「건축법」에 따른 "건축물"과 "건축설비"의 정의를 빌려 건축물 안전진단의 대상을 새롭게 정의한다. 「건축법」상 *"건축물"이란 토지에 정착(定着)하는 공작물 중 지붕과 기둥 또는 벽이 있는 것과 이에 딸린 시설물이며, "건축설비"란 건축물에 설치하는 전기·전화 설비, 초고속 정보통신 설비, 지능형 홈네트워크 설비, 가스·급수·배수(配水)·배수(排水)·환기·난방·냉방·소화(消火)·배연(排煙) 및 오물처리의 설비, 굴뚝, 승강기, 피뢰침, 국기 게양대, 공동시청 안테나, 유선방송 수신시설, 우편함, 저수조(貯水槽), 방범시설*로 정의되어 있다.

위의 내용을 참고하여 안전진단의 대상이 되는 "건축물"은 "토지에 정착하여 지붕, 기둥 및 벽으로 된 구조를 갖고, 전기, 가스, 소화 및 배연설비를 갖춘 시설물"로 정의한다. 건축물의 정의를 안전진단이라고 하는 목적에 맞게 다시 정의했다.

새롭게 정의된 건축물에 대해 필수기능을 중심으로 분석한다. Level 1, Level 2, Level 3 …… 순으로 분석을 진행하며, 단계마다 절점(Node)에 있는 대상을 정의하고 하위기능으로 분해하는 작업을 반복한다. 그리고 일정 단계를 거치면, 기능을 구성하는 요소로 분해 대상이 전환되는 점을 참고한다.

건축물은 외부로부터 안전하게 보호되어 그 속에서 생활할 수 있어야 하며, 건축 목적에 따라 사용될 수 있어야 한다.

Level. 1 : 건축물의 필수기능을 보호기능, 주거(생활) 기능 및 합목적 기능으로 분석한다.

만약 안전진단 대상이 되는 건축물이 앞서 가정한 가정집이라고 한다면, 목표하는 성능이 주거기능으로 필수기능은 보호기능 및 주거기능 두 가지로 구성되게 된다. 보호기능에 대해서 다시 정의하면 “보호를 위해 토지 위에 지붕, 기둥 및 벽으로 된 구성된 것”이 되고 주거기능은 “주거를 위해 전기, 가스, 소화 및 배연설비가 설치된 것”이 된다.

Level. 1-1 : 보호기능의 요소를 토지, 기둥, 벽, 지붕 및 연결부로 분석한다.
Level. 1-2 : 주거기능의 요소를 전기, 가스, 소화 및 배연설비로 분석한다.

보호기능 발현을 위한 요소 중 ①토지는 건축물 하부에 지반을 그리고 기둥은 건축물에 설치된 모든 기둥에 대해 안전성을 검토하는 것으로 하고, “벽은 토지 위에 건축물을 둘러싸고 있는 외벽과 내벽”으로 하며, 지붕은 다시 “기둥과 벽 위에 건축물을 덮고 있는 보와 천장”으로 정의한다. 그리고 “연결부는 지반과 벽, 지반과 기둥, 벽과 기둥, 벽과 지붕, 기둥과 지붕이 맞닿는 곳”으로 한다.

Level. 1-1-1 : 벽은 외벽과 내벽으로 분석한다.
Level. 1-1-2 : 지붕은 보와 천장으로 분석한다.
Level. 1-1-3 : 연결부는 지반과 벽, 지반과 기둥, 벽과 기둥, 벽과 지붕, 기둥과 지붕으로 분석한다.

주거기능 발현을 위한 각 설비에 대해서 다시 정의해 본다. “전기설비는 외부로부터 전기를 공급받아 건축물 내부에서 사용할 수 있도록 하는 설비”로 하고, “가스설비는 외부로부터 가스를 공급받아 조리 및 난방에 사용하는 설비”로 하며, “소화설비는 화재 시 소화 시킬 수 있는 설비” 그리고 “배연설비는 화재 등을 고려하여 연기를 외부로 배출할 수 있는 설비”로 한다.

Level. 1-2-1 : 전기설비는 외부에서 전력이 유입되는 배전반, 각 방과 거실 등에 전기를 공급하는 전선 및 전기제품과 연결되는 콘센트로 분석한다.
Level. 1-2-2 : 가스설비는 외부에서 가스를 공급받는 배관, 조리 시 사용되는 가스 버너 및 난방을 위해 사용되는 보일러로 분석한다.

Level. 1-2-3 : 소화설비는 화재탐지기, 화재경보기, 스프링클러 및 소화기로 분석한다.

Level. 1-2-4 : 배연설비는 내부 연기를 빨아들일 수 있는 팬, 연기 배출을 위한 덕트 및 외부 배출구로 분석한다.

필수기능인 보호기능 및 주거기능 발현을 위한 각 요소를 다시 분석한다.

보호기능에 관한 Level. 3의 세부 구성요소는 콘크리트로 건축되었다고 가정할 때 각각은 "철근과 콘크리트로 된 구조물"로 정의할 수 있다.

Level. 1-1-1-1 : 외벽은 철근과 콘크리트로 분석한다.

Level. 1-1-1-2 : 내벽은 철근과 콘크리트로 분석한다.

Level. 1-1-2-1 : 보는 철근과 콘크리트로 분석한다.

Level. 1-1-2-2 : 천장은 철근과 콘크리트로 분석한다.

Level. 1-1-3-1 : 지반과 벽이 연결된 모든 부분의 철근과 콘크리트로 분석한다.

Level. 1-1-3-2 : 지반과 기둥이 연결된 모든 부분의 철근과 콘크리트로 분석한다.

Level. 1-1-3-3 : 벽과 기둥이 연결된 모든 부분의 철근과 콘크리트로 분석한다.

Level. 1-1-3-4 : 벽과 지붕(보)이 연결된 모든 부분의 철근과 콘크리트로 분석한다.

Level. 1-1-3-5 : 벽과 지붕(천장)이 연결된 모든 부분의 철근과 콘크리트로 분석한다.

Level. 1-1-3-6 : 기둥과 지붕(보)이 연결된 모든 부분의 철근과 콘크리트로 분석한다.

Level. 1-1-3-7 : 기둥과 지붕(천장)이 연결된 모든 부분의 철근과 콘크리트로 분석한다.

[②]<u>보호기능 발현을 위한 세부 요소에 대해서는 Level. 4까지 분석된 대상에 대해 안전진단을 하는 것으로 한다.</u>

주거기능에 관한 요소(설비)는 보호기능에 관한 요소와 달리 각각의 설비가 갖는 특징이 다르기 때문에 Level. 3의 요소를 대상으로 세부 요소로 분석을 반복한다. 먼저 전기설비의 ③전선과 콘센트는 해당 대상에 대해 안전성을 점검하는 것으로 하고, "배전반은 외함과 내부 전선연결부 및 전기차단 설비로 구성된 것"으로 한다.

Level. 1-2-1-1 : 배전반은 외함, 모든 전선연결부, 전기차단기 및 과전류 차단기로 분석한다.

가스설비의 ④가스버너와 보일러는 해당 대상에 대해 안전성을 점검하는 것으로 하고, "배관은 배관과 밸브로 구성된 것"으로 한다.

Level. 1-2-2-1 : 가스배관은 배관, 차단밸브 및 배관-밸브 연결부로 분석한다.

소화설비의 ⑤화재경보기, 스프링클러 및 소화기는 각 해당 대상에 대해 안전성을 점검하는 것으로 하고, "화재탐지기는 온도 및 연기를 감지할 수 있는 것"으로 한다.

Level. 1-2-3-1 : 화재탐지기는 온도감지기 및 연기감지기로 분석한다.

배연설비는 ⑥덕트 및 배출구의 안전성은 점검하고, "팬은 전기연결부, 모터 및 팬 날개로 구성된 것"으로 한다.

Level. 1-2-4-1 : 팬은 전기연결부, 모터 및 팬 날개로 분석한다.

⑦설비에 대해서도 Level. 4까지 필수기능을 중심으로 분석된 대상에 대해 안전진단을 하는 것으로 한다.

지금까지 "건축물의 안전진단"을 위해 간단한 기능구조분석의 예시를 설명했고, 결과를 정리하면 다음 표와 같다.

<구조>

1. 토지는 건축물 하부에 지반을, 그리고 기둥은 건축물에 설치된 모든 기둥에 대한 안전성 검토
2. 외벽의 철근과 콘크리트 안전성 검토
3. 내벽의 철근과 콘크리트 안전성 검토
4. 보의 철근과 콘크리트 안전성 검토
5. 천장의 철근과 콘크리트 안전성 검토
6. 지반과 벽이 연결된 모든 부분의 철근과 콘크리트 안전성 검토
7. 지반과 기둥이 연결된 모든 부분의 철근과 콘크리트 안전성 검토
8. 벽과 기둥이 연결된 모든 부분의 철근과 콘크리트 안전성 검토
9. 벽과 지붕(보)이 연결된 모든 부분의 철근과 콘크리트 안전성 검토
10. 벽과 지붕(천장)이 연결된 모든 부분의 철근과 콘크리트 안전성 검토
11. 기둥과 지붕(보)이 연결된 모든 부분의 철근과 콘크리트 안전성 검토
12. 기둥과 지붕(천장)이 연결된 모든 부분의 철근과 콘크리트 안전성 검토

<설비>

13. 모든 전선과 콘센트에 대해 안전성 검토
14. 배전반의 외함, 모든 전선연결부, 전기차단기 및 과전류 차단기의 안전성 검토
15. 가스버너와 보일러에 대한 안전성 검토
16. 가스배관, 차단밸브 및 배관-밸브 연결부 안전성 검토
17. 모든 화재경보기, 스프링클러 및 소화기에 대한 안전성 검토
18. 온도감지형 화재탐지기 및 연기감지형 화재탐지기의 안전성 검토
19. 덕트 및 배출구의 안전성 검토
20. 팬 전기연결부, 모터 및 팬 날개의 안전성 검토

필요 시 보다 안전한 "건축물의 안전진단"을 위해, 필수기능을 구성하는 요소를 더욱 촘촘하게 나누고, 보다 낮은 하위 Level로 기능구조분석을 실시할 수 있다.

하지만, 예시에서 중요한 점은 안전진단이라는 목적에 맞추어 건축물을 정의하고 필수

기능을 중심으로 구조화한 결과 위와 같은 안전진단 대상을 도출했다는 것이다. 안전진단의 정밀도, 안전진단자의 전문성에 따라 내용은 달라질 수 있지만, 기능구조분석을 통해 건축물이라는 대상의 안전진단이라는 영역에도 유용하게 쓰일 수 있다는 점과 주어진 정의만을 토대로 위와 같은 결과물을 도출할 수 있다는 것에 주목할 필요가 있다.

두 번째로 법률에 관한 기능구조분석이다. 법률은 적용범위가 명확하고 법률에서 다루는 내용이 잘 구조화되어 있어 기능구조분석을 이해하기에 적합하다. 법률은 선박에 관한 내용과 행정적인 내용을 함께 다루는 법률인 「어선법」을 대상으로 한다.

「어선법」의 전체 내용은 국가법령정보센터(www.law.go.kr)에서 내용을 쉽게 확인할 수 있다. 중요한 것은 법률에 대해 기능 중심으로 구조화하는 방법을 살펴봄으로써, 기능구조분석의 방법을 익히고 모든 영역과 대상에 적용될 수 있음을 이해하는 것이다. 따라서 「어선법」에 대한 세부적인 내용을 다루는 것이 아니라 법률의 목적, 정의 및 조문목록을 기본정보로 제시하고, 조문목록을 기능 중심으로 구조화하기로 한다.

어떤 필요에 의해 법률을 꼼꼼히 분석해야 하는 상황이고, 그 대상이 「어선법」이라 하자. 「어선법」에 대해서 목적에 따른 정의를 기반으로 기능 중심으로 구조화해본다.

<「어선법」 조문목록>

<제1장 총칙>	제7조 삭제<1999. 2. 8.>
제1조 목적	제8조 건조·개조의 허가 등
제2조 정의	제9조 삭제<1999. 2. 8.>
제3조 어선의 설비	제10조 허가의 취소 등
제3조의2 복원성 승인 및 유지	제11조 삭제<1999. 2. 8.>
제4조 만재흘수선의 표시 등	제12조 삭제<1999. 2. 8.>
제5조 무선설비	**<제3장 어선의 등록>**
제5조의2 어선위치발신장치	제13조 어선의 등기와 등록
제6조 국제협약 규정의 적용	제13조의2 소형어선 소유권 변동의 효력
<제2장 어선의 건조>	제13조의3 압류등록

제14조 어선의 총톤수 측정 등

제15조 선박국적증서등의 비치

제16조 어선 명칭등의 표시와 번호판의 부착

제17조 등록사항의 변경

제18조 선박국적증서등의 재발급

제19조 등록의 말소와 선박국적증서등의 반납

제20조 삭제<1999. 2. 8.>

<제4장 어선의 검사 등>

제21조 어선의 검사

제22조 건조검사 등

제23조 어선 검사 후 어선의 상태유지

제24조 형식승인 및 검정 등

제24조의2 형식승인의 취소 등

제24조의3 형식승인시험기관의 지정 및 지정취소 등

제25조 지정사업장의 지정

제26조 지정사업장의 지정 취소 등

제26조의2 하역설비의 확인 등

제27조 검사증서의 발급 등

제28조 검사증서의 유효기간

제29조 검사증서 등의 비치

제30조 재검사의 신청

<제5장 어선 등의 거래>

제31조 어선거래시스템 등의 구축·운영

제31조의2 어선중개업의 등록 등

제31조의3 결격사유

제31조의4 어선중개업 등록의 취소 등

제31조의5 휴업·폐업 등의 신고

제31조의6 과징금 처분

제31조의7 어선중개업자에 대한 교육

제31조의8 거래계약서의 작성 등

제31조의9 보증보험 가입 등

<제6장 어선의 연구·개발>

제32조 어선의 조사·연구

제33조 표준어선형의 개발

<제7장 삭제>

제34조 삭제<1999. 2. 8.>

제35조 삭제<1999. 2. 8.>

제36조 삭제<1999. 2. 8.>

<제8장 보칙>

제37조 다른 법령의 준용

제37조의2 위반행위에 대한 지도·단속 등

제38조 청문

제39조 수수료

제40조 권한의 위임 등

제41조 검사업무 등의 대행

제41조의2 공단에 대한 경비의 보조

제42조 법정대리인의 의무

<제9장 벌칙>

제43조 벌칙

제44조 벌칙

제45조 삭제<1997. 12. 17.>

제46조 벌칙

제47조 벌칙

제48조 양벌규정

제49조 벌칙의 준용

제50조 벌칙의 적용

제51조 벌칙 적용의 예외

제52조 벌칙 적용에서의 공무원 의제

제53조 과태료

「어선법」 제1조(목적)에 따르면 "이 법은 어선의 건조·등록·설비·검사·거래 및 조사·연구에 관한 사항을 규정하여 어선의 효율적인 관리와 안전성을 확보하고, 어선의 성능 향상을 도모함으로써 어업생산력의 증진과 수산업의 발전에 이바지함을 목적으로 한다." 라고 되어있고, 제2조(정의)에는 "어선이란 어업, 어획물운반업 또는 수산물가공업에 종사하는 선박, 수산업에 관한 시험·조사·지도·단속 또는 교습에 종사하는 선박이다." 라고 되어 있다.

제1조(목적)에서 일반화되어 외연(적용범위)이 나타나고, 제2조(정의)에서 공통요소를 기반으로 추상화되어 내포된 의미가 제시되고 있다. 두 조항의 바탕으로 기능구조분석을 위해 「어선법」을 "어업, 어획물 운반·가공 및 관련된 공공의 기능을 수행하는 선박에 대해 안전성과 생산 효율성의 향상을 위해 건조·등록·설비·검사·거래 및 조사·연구에 관한 사항을 규정한 법률"로 정의한다.

새롭게 정의된 「어선법」의 정의를 토대로 Level 1, Level 2, Level 3 …… 순으로 필수기능을 분석한다.

Level. 1 : 「어선법」의 필수기능을 안전성과 생산 효율성으로 분석한다.

안전성을 다시 정의하면 "어선의 연구개발을 통해 안전성능을 향상하고, 어선의 검사를 통해 안전성을 확인하며, 벌칙을 통해 이행력을 갖추도록 하는 것"으로 하고, 생산 효율성은 "어선의 전체 규모관리를 위한 건조, 등록 및 거래에 관한 사항을 규정하고, 벌칙을 통해 이행력을 갖추며, 연구를 통해 생산 효율성을 향상하는 것"으로 한다.

Level. 1-1 : 안전성은 연구, 어선검사 및 벌칙으로 분석한다.

Level. 1-2 : 생산 효율성은 건조, 등록, 거래, 벌칙 및 연구로 분석한다.

안전성 발현을 위한 요소 중 어선검사는 검사대상, 검사종류, 검사절차 및 검사대행의 세부 요소로 세분화될 수 있다.

Level. 1-1-1 : 어선검사는 대상, 종류, 절차 및 검사대행으로 분석한다.

생산 효율성 발현을 위한 요소 중 건조는 “허가, 허가취소 및 행정절차”로 세분화되고, 등록은 “등록, 말소 및 행정절차”로 되며, 거래는 “중개업 등록, 등록취소, 중개업자 교육 및 행정절차”로 세분화될 수 있다.

Level. 1-2-1 : 건조는 허가, 허가취소 및 행정절차로 분석한다.

Level. 1-2-2 : 등록은 등록, 말소 및 행정절차로 분석한다.

Level. 1-2-3 : 거래는 중개업 등록, 등록취소, 중개업자 교육 및 행정절차로 분석한다.

「어선법」에 대해 필수기능을 도출하고 이를 발현하기 위한 세부요소를 분석했다. 끝으로 원래의 목표와 같이 법률의 조문을 기능구조분석에 따라 구조화한다. 편의상 각 장에서 이질적인 요소가 없는 경우 장으로 표현하며, 필수기능 전반에 영향을 미치는 요소는 함께 나타내며, 조항 단위로 세분화한다.

<「어선법」 기능구조분석>

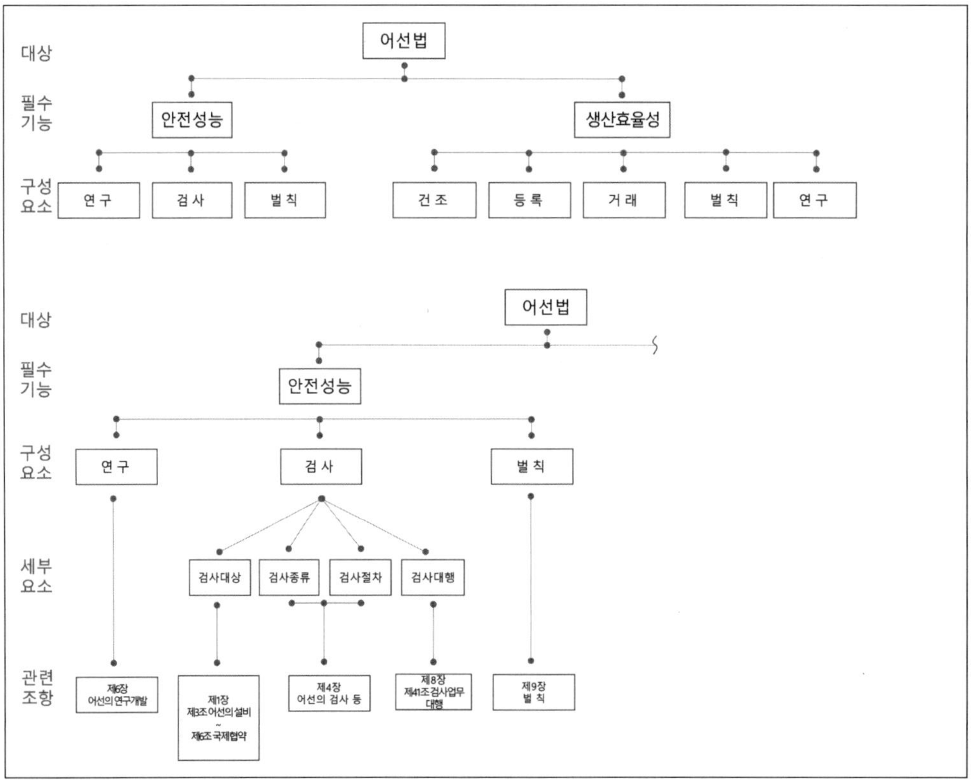

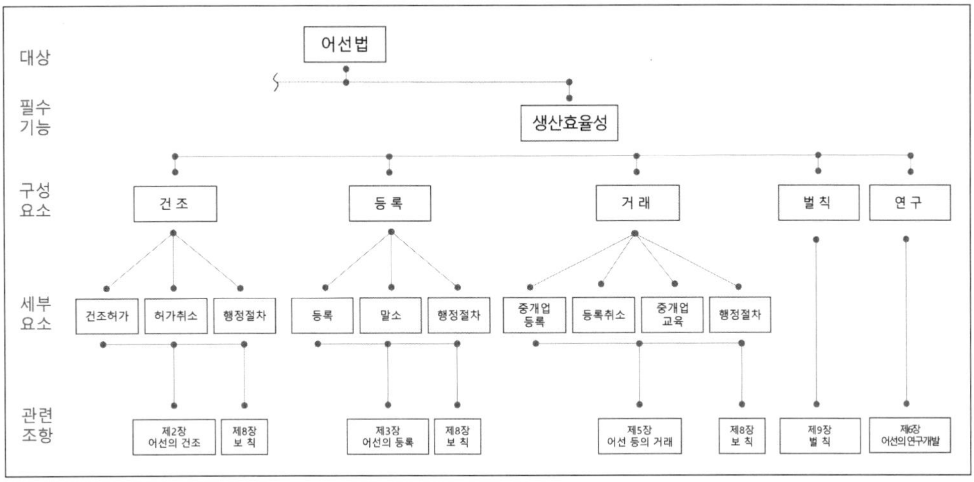

앞서 설명한 "구조물의 안전진단"과 "「어선법」"에 대한 기능구조분석은 대상과 영역이 다른 것 외에도 외연(적용범위)의 한계적 측면에 차이가 있다. "구조물의 안전진단"은 목표하는 안전진단 수준에 따라 필수기능의 구성요소에 대한 세분화가 가능하여 안전진단의 적용범위가 달라진다. 반면, "「어선법」"은 법률의 목적에 따라 적용범위가 명확히 규정되어 있음에 따라 기능구조분석 시 법률상 규정된 각 조항을 필수기능에 따라 그 하위로 구조화(귀속)시키는 형태이다.

2. 고유설계, 적응설계 및 변형설계

설계의 성격을 구분하자면, **고유설계, 적응설계 및 변형설계로 나뉠 수 있다**. 각각의 정의를 통해 기능구조분석의 연관성을 살펴본다.

고유설계는 기존에는 없던 완전히 독립적인 기능을 갖는 대상을 설계하는 것이다. 최초의 선박, 항공기 등을 예로 들 수 있고 원천기술로서 가장 높은 수준의 설계라 할 수 있다.

적응설계는 제약조건의 변경 등으로 새로운 기능을 추가하는 설계다. 예를 들면 개별포장을 통한 선박운송의 요구에 따라, 산적화물 운송 방식에서 컨테이너라는 새로운 기능을 만들어 컨테이너를 운송하는 방식으로 선박이 설계되는 것과 같다.

변형설계는 고유설계나 적응설계를 토대로 하여 형상 또는 배치를 약간씩 바꾸면서 목표상태의 필수기능을 향상시키는 설계다. 예를 들면, 주요제원이 동일한 선박이라 할지라도 운항조건 등을 고려하여 최적의 선형을 찾기 위해 선형(형상)을 조정하고 이에 따라 내부의 배치가 수정되는 것과 같다. 앞선 고유설계 및 적응설계와 대비되는 가장 큰 특징은 기존의 설계에서 기능구조의 변화가 없다는 것이다.

고유설계, 적응설계 및 변형설계는 새로운 기능을 만들거나 설제조건의 변경에 따라 기능을 수정하거나, 또는 기존의 기능구조는 유지하면서 형상 및 배치를 조정하여 목표상태의 필수기능을 향상시키는 것을 분류한 것이다. 따라서 기능구조분석을 이해한다면 요구사항을 실현시키기 위한 기능을 도출하여 어떻게 체계적으로 반영할 것인지 손쉽게 파악할 수 있기 때문에 각각의 설계를 수행할 때 유용하다(앞서 예시를 선박에 대해 설명했으나, 고유설계, 적응설계 및 변형설계는 유무형의 설계 모두에 적용될 수 있다. 무형의 설계는 보험설계, 사업설계 및 정책설계 등이 있다. 이처럼 고유설계, 적응설계 및 변형설계는 다양한 곳에 활용될 수 있다). 특히, 현재의 선박설계는 대부분 변형설계에 가까운 형태로 이루어지기 때문에 요구기능(설계변수)이 변경되었을 때 전체 영향을 손쉽게 파악할 수 있는 기능구조분석은 매우 유용한 수단이 된다.

3. 선박의 기능구조분석

선박의 정의로부터 기능구조분석을 시작한다. 선박은 사람 또는 화물을 계획된 일정에 따라 안전하게 운송할 수 있는 수상 구조물이다(선박을 통상 사람 또는 화물을 운송하는 수상 구조물로 정의하기도 하지만 효율 및 안전의 가치를 고려하여 '계획된 일정에 안전하게'라는 내용을 추가한다. 이는 실제로 효율을 향상하기 위한 선형개발, 안전을 확보하기 위한 안전설비 적용 등 다양한 형태로 기본기능의 하위 기능으로 발현된다).

정의를 통해 기능구조분석 대상인 선박의 적용범위(외연)와 공통요소(내포)를 확인한다. 정의 중 대상이 수상 구조물로 규정됨에 따라 육상 또는 항공과 구별되어 해상이라는 공간적 영역이 정해진다. 또한 공간의 영역에 시간의 영역을 더하여 대상의 범주를 확장한다. 해상이라는 공간과 운항이라는 시간의 변화를 함께 고려해본다. 그 예로 잠수함 또는 위그선은 수중과 수면 위에서 운항하지만, 출항과 입항 시 수상에서 시작된다는 점을 고려하여 선박의 범주에 포함되는 것이다.

다음으로 정의된 대상의 목적을 고려하여 기능전반에 걸쳐 공통으로 적용되는 핵심 기능을 도출한다. 수상의 의미에서 물 위에서 뜰 수 있어야 하고, 사람과 화물 운송의 의미에서 사람과 화물을 적재할 수 있어야 한다는 것과 이동할 수 있어야 한다는 것이 핵심기능임을 알 수 있다.

다시 정리해보면, 선박은 목적을 달성하기 위해 필요한 기본기능으로 물 위에 떠서 사람 또는 화물을 적재할 수 있어야 하고, 목표한 시간 안에 원하는 곳으로 이동할 수 있어야 한다는 것이다. 이를 압축하여 표현하면, 선박은 부양성, 적재성 및 이동성을 갖추어야 한다는 것으로 핵심기능이 도출된다.

<관점에 따른 기능구조분석>

▸ 기능구조분석은 관점에 따라 달리 분석될 수 있으며, 선박의 대상을 두고 조선공학, 선박건조, 해상안전 등 다양한 관점의 기능구조분석이 가능

❶ 선박건조 측면의 기능구조분석의 가장 좋은 예는 건조사양서(Building Spec)임. 건조를 위해 만족해야 하는 계약관련사항, 주요치수, 요구 Rule & Regulation 도면 종류 등의 일반사항을 시작으로 선체, 기장철의, 기장배관, 선장철의, 선장배관, 선실 및 전장의 기능요건을 명시함

❷ 해상안전 측면의 기능구조분석의 가장 좋은 예는 법규에 따른 안전기준임. 구조기준, 복원성 및 만재흘수선기준, 구명설비기준, 소방설비기준, 기관기준 등을 요구함

※ 설계는 건조사양서 및 법규에서 문장으로 정의된 기능 또는 요구사항을 엔지니어링을 통해 검증하고 도면이라는 형태로 표현하는 것이고, 건조는 이것을 개발된 기술을 활용하여 현실화하는 것임

다시 부양성, 적재성 및 이동성을 세분화하면 부양성 아래에는 안전한 상태로 부양하기 위한 복원성을, 이동성 아래에는 원하는 방향으로 이동하기 위한 조종성이 추가된다(흔히들 선박의 주요기능에 대해 부양성, 적재성, 이동성, 복원성 및 조종성 등을 꼽는다). 기능구조분석을 통해 선박을 체계적으로 이해하기 위해 보다 세밀하게 기능구조분석을 실시해 보면 다음과 같다(선박의 기능구조분석을 수행하면 여러 기능에 관여하는 항목이 존재하고, 이것을 어느 기능의 하위로 분류할지에 따라 기능구조분석의 차이가 발생하며, 이때 주관이 개입된다. 이 책에서는 여러 기능에 관여하는 부분은 가장 크게 관여하는 기능에 하위로 편입하여 분류했다. 그리고 선박의 기능구조분석도는 하나의 계통도로 표기하기에는 비대하여, 기본기능 중심으로 몇 개의 세부 계통도로 분할하여 나타냈다).

위의 기능구조분석에 따라 선박의 기능을 체계적으로 이해하고 손쉽게 관련 내용을 찾아볼 수 있도록 선박의 기능구조분석도 중 각 절점(Node)에 기호를 부여했다. 그리고 이 기호를 조합하여 선박 기능구조분석도에서 해당 기능의 위치를 나타내는 코딩 체계를 다음과 같이 정의한다(손쉽게 내용을 파악할 수 있도록 하는 것 이외의 의미는 없고, 이 책에서 기능구조분석도를 보고 원하는 내용을 손쉽게 찾을 수 있으면 된다). 코딩은 기본성능, 세부성능 및 세부요소에 기호를 부여하고 3자리로 조합하는 방식으로 정의한다(기능구조분석도의 기본요소는 코딩의 간편성을 위해 별도의 표기를 부여하지 않는다). 기본성능은 앞자리를 기준으로 부양성-㉮, 적재성-㉱ 및 이동성-㉴으로 표현하고, 세부성능은 좌측에서 우측으로 Ⓘ,Ⓘ Ⅱ,Ⅲ,Ⅳ를 부여하며, 세부요소는 동일한 요령으로 ①,②,③…순으로 나타낸다. Code는 기본성능, 세부성능 및 세부요소 순으로 조합한다. 다만, 세부요소가 여러 항목에 영향을 미치는 경우 ⓪으로 표현한다. 첫 권인 '선박의 이해'에서는 기본성능과 세부성능에 관한 Code까지만 활용되고, 그 외 선박의 부양성능, 적재성능 및 이동성능에 관한 책에서는 세부요소에 관한 기호까지 함께 Code에 표기해서 해당 내용이 기능구조상 어느 위치에 해당하는지 알 수 있도록 하였다.

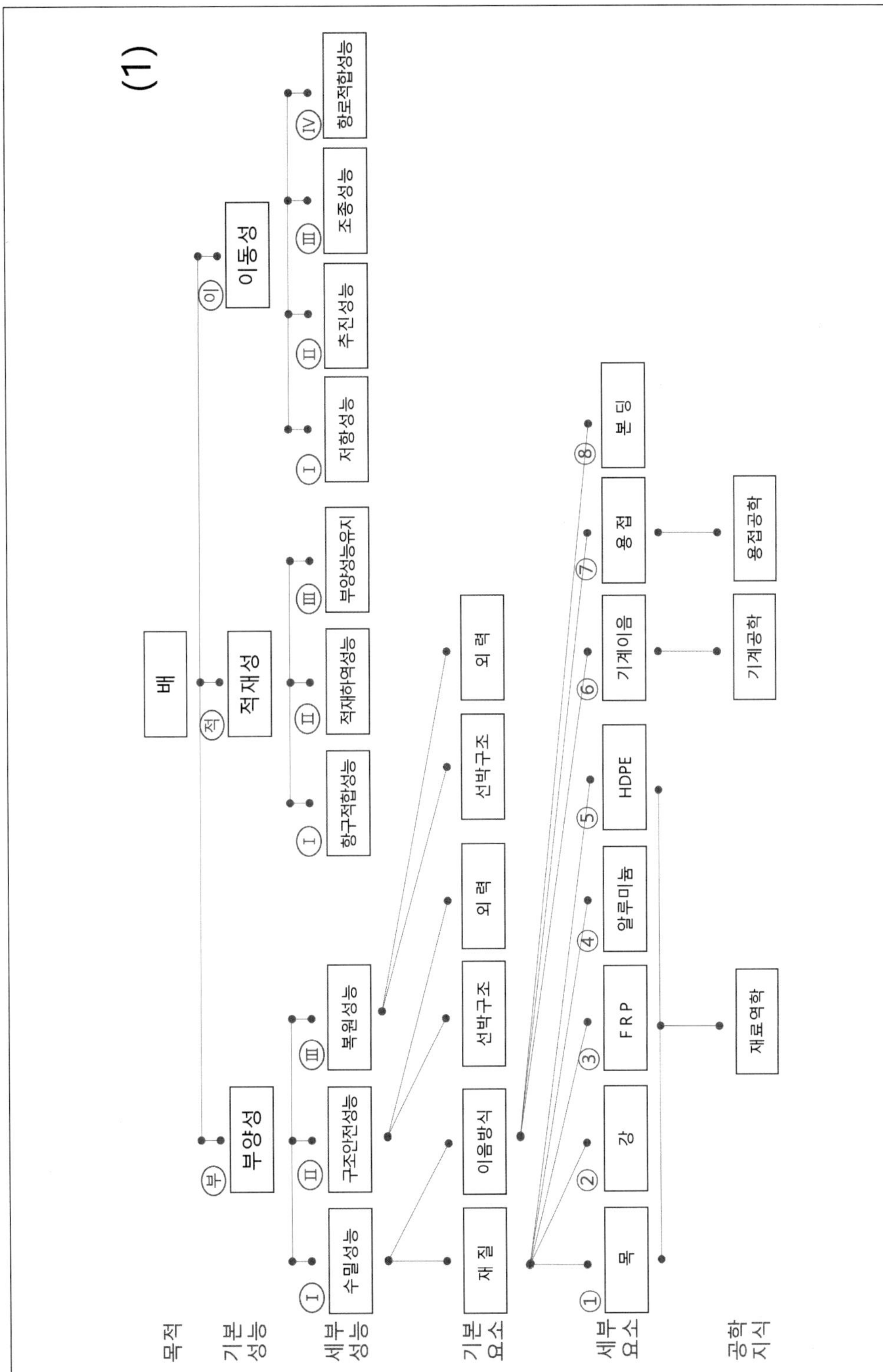
(1)
목적
기본성능
세부성능
기본요소
세부요소
공학지식
배
부 부양성
적 적재성
이 이동성
Ⅰ 수밀성능
Ⅱ 구조안전성능
Ⅲ 복원성능
Ⅰ 항구적합성능
Ⅱ 적재하역성능
Ⅲ 부양성능유지
Ⅰ 저항성능
Ⅱ 추진성능
Ⅲ 조종성능
Ⅳ 항로적합성능
재 질
이음방식
선박구조
외 력
선박구조
외 력
① 목
② 강
③ F R P
④ 알루미늄
⑤ HDPE
⑥ 기계이음
⑦ 용 접
⑧ 본 딩
재료역학
기계공학
용접공학

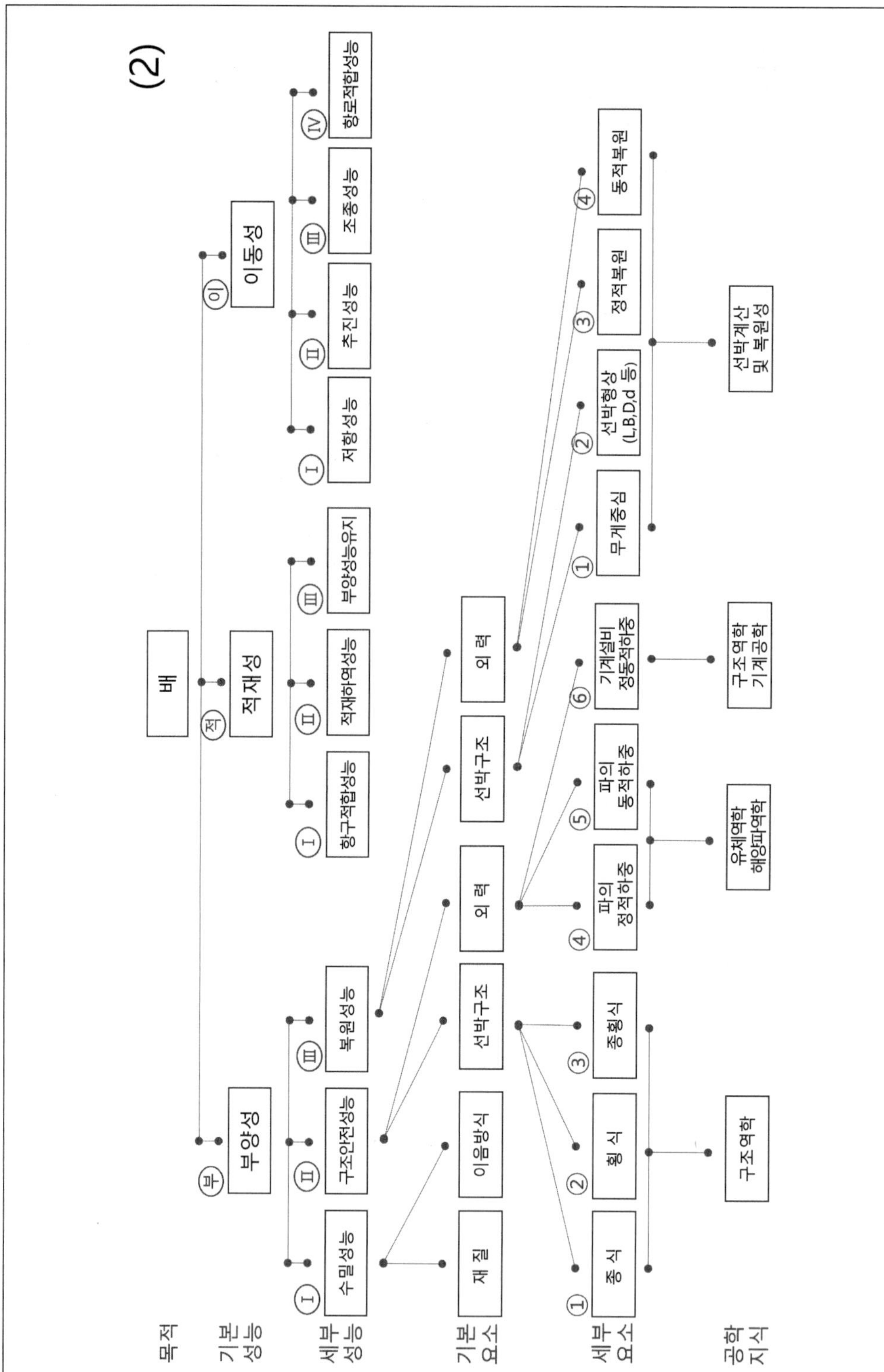
(2)
목적
기본성능
세부성능
기본요소
세부요소
공학지식
배
부 부양성
적 적재성
이 이동성
Ⅰ 수밀성능
Ⅱ 구조안전성능
Ⅲ 복원성능
Ⅰ 항구적합성능
Ⅱ 적재하역성능
Ⅲ 부양성능유지
Ⅰ 저항성능
Ⅱ 추진성능
Ⅲ 조종성능
Ⅳ 항로적합성능
재 질
이음방식
선박구조
외 력
선박구조
외 력
① 종 식
② 횡 식
③ 종횡식
④ 파의 정적하중
⑤ 파의 동적하중
⑥ 기계설비 정동적하중
① 무게중심
② 선박형상 (L,B,D,d 등)
③ 정적복원
④ 동적복원
구조역학
유체역학 해양파역학
구조역학 기계공학
선박계산 및 복원성

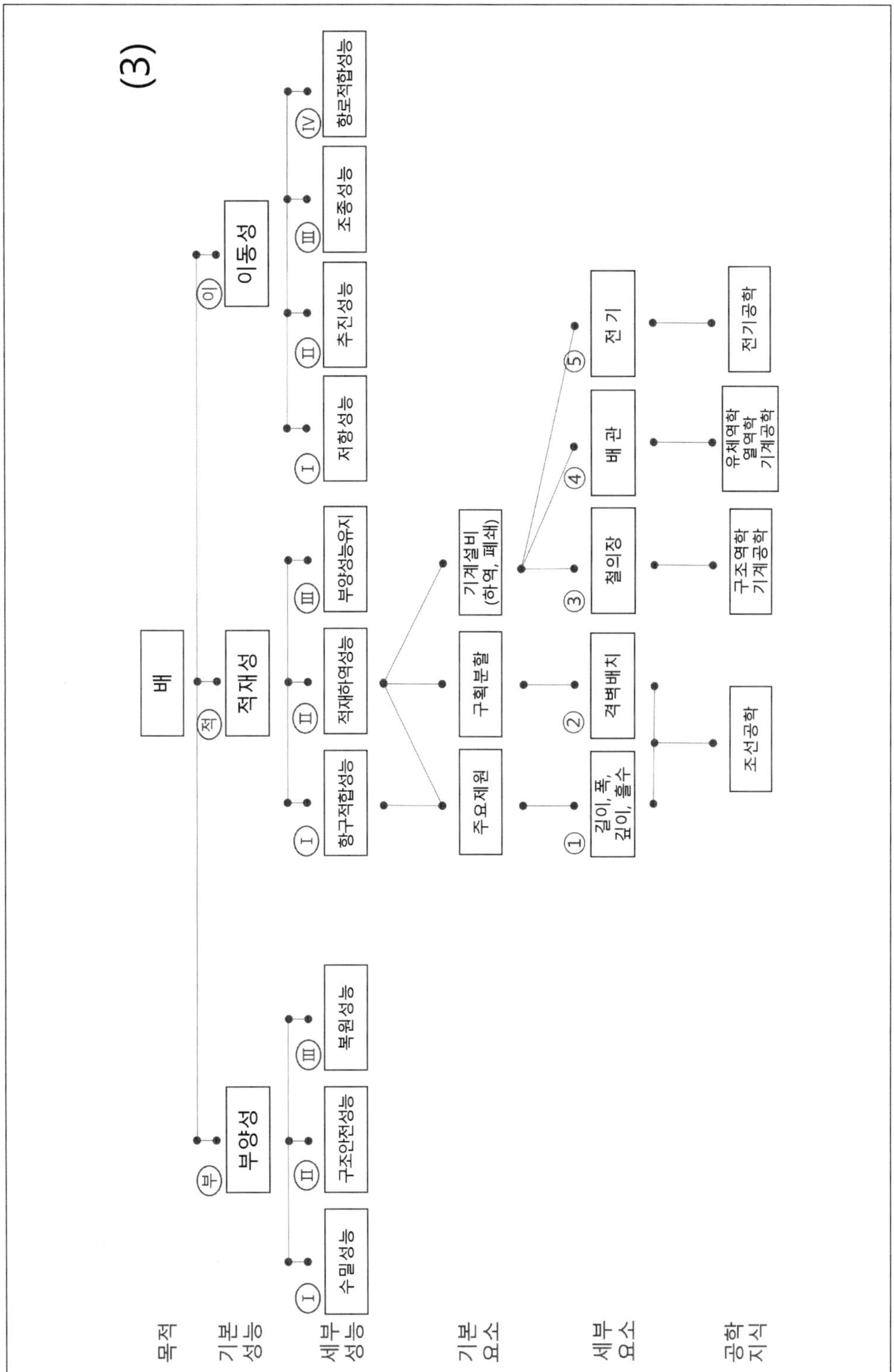
(3)
배
목적
기본성능
세부성능
기본요소
세부요소
공학지식
부 부양성
적 적재성
이 이동성
Ⅰ 수밀성능
Ⅱ 구조안전성능
Ⅲ 복원성능
Ⅰ 항구적합성능
Ⅱ 적재하역성능
Ⅲ 부양성능유지
Ⅰ 저항성능
Ⅱ 추진성능
Ⅲ 조종성능
Ⅳ 항로적합성능
주요제원
구획분할
기계설비 (하역, 폐쇄)
① 길이, 폭, 깊이, 흘수
② 격벽배치
③ 철의장
④ 배 관
⑤ 전 기
조선공학
구조역학 기계공학
유체역학 열역학 기계공학
전기공학

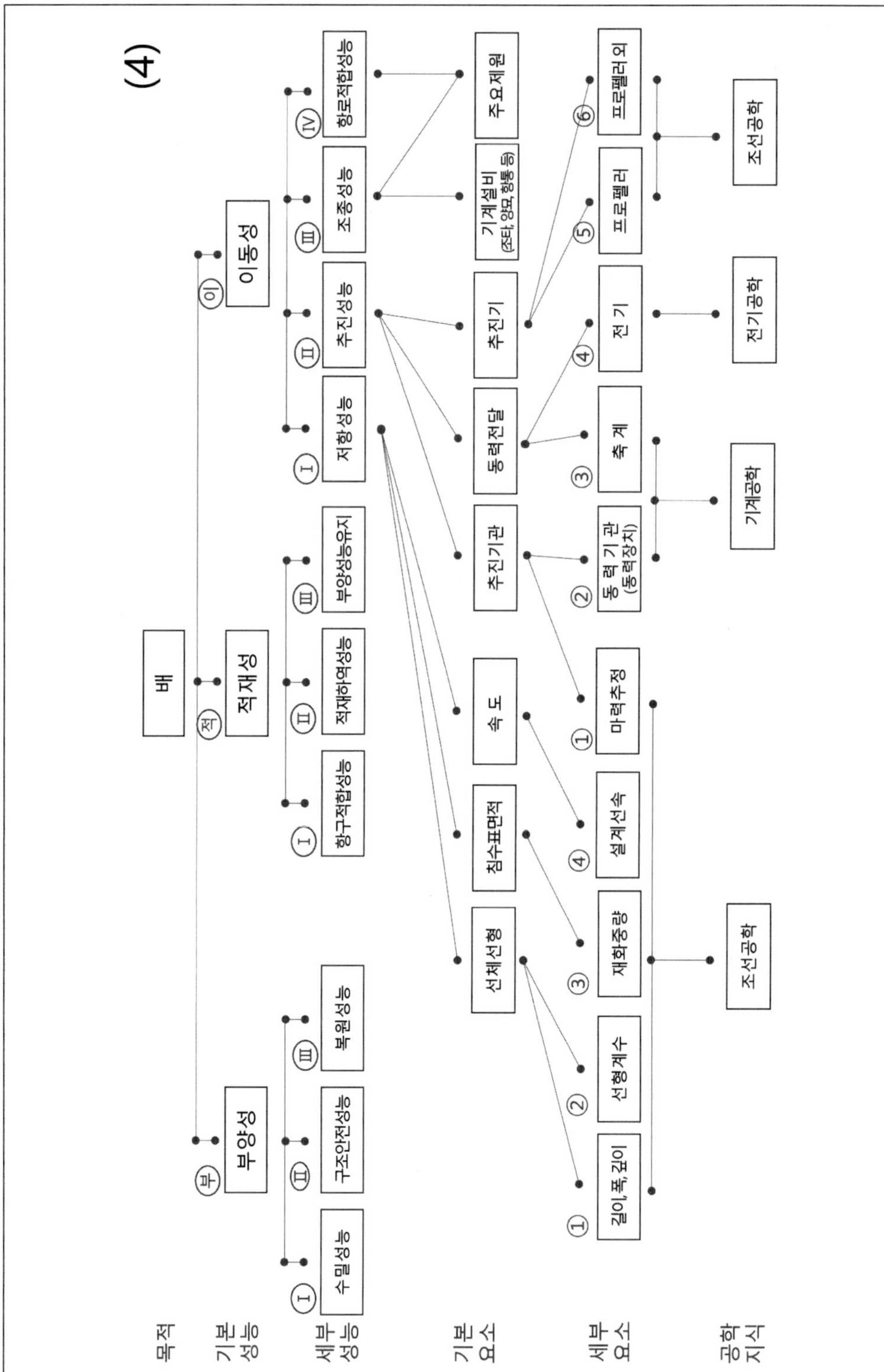
(4)
목적
기본성능
세부성능
기본요소
세부요소
공학지식
배
부 부양성
적 적재성
이 이동성
Ⅰ 수밀성능
Ⅱ 구조안전성능
Ⅲ 복원성능
Ⅰ 항구적합성능
Ⅱ 적재하역성능
Ⅲ 부양성능유지
Ⅰ 저항성능
Ⅱ 추진성능
Ⅲ 조종성능
Ⅳ 항로적합성능
선체선형
침수표면적
속 도
추진기관
동력전달
추진기
기계설비 (조타, 양묘, 항통 등)
주요제원
① 길이, 폭, 깊이
② 선형계수
③ 재화중량
④ 설계선속
① 마력추정
② 동 력 기 관 (동력장치)
③ 축 계
④ 전 기
⑤ 프로펠러
⑥ 프로펠러 외
조선공학
기계공학
전기공학
조선공학

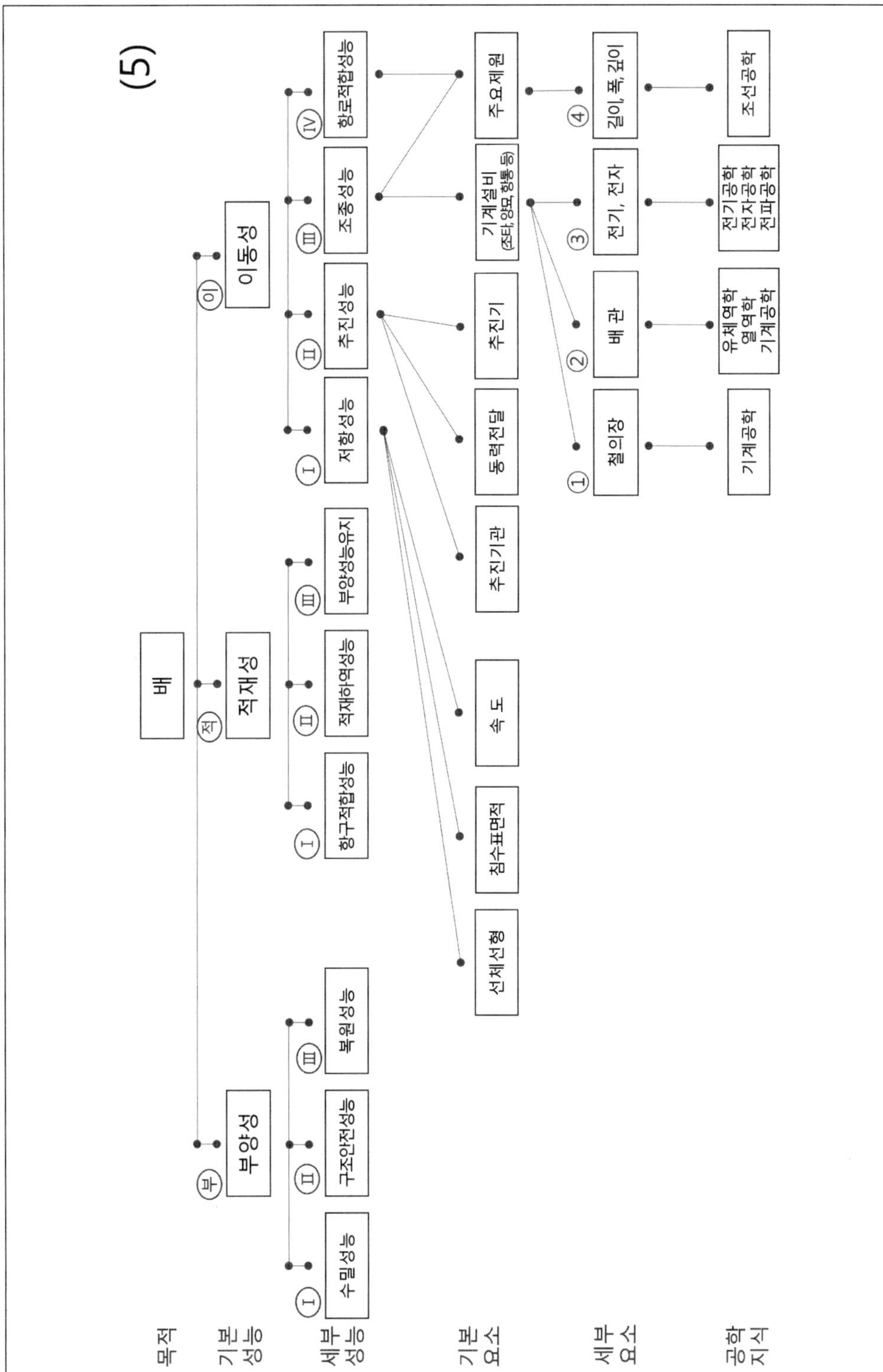
(5)
목적
기본 성능
세부 성능
기본 요소
세부 요소
공학 지식
배
부 부양성
적 적재성
이 이동성
Ⅰ 수밀성능
Ⅱ 구조안전성능
Ⅲ 복원성능
Ⅰ 항구적합성능
Ⅱ 적재하역성능
Ⅲ 부양성능유지
Ⅰ 저항성능
Ⅱ 추진성능
Ⅲ 조종성능
Ⅳ 항로적합성능
선체선형
침수표면적
속 도
추진기관
동력전달
추진기
기계설비 (조타,양묘,항통 등)
주요제원
① 철의장
② 배 관
③ 전기, 전자
④ 길이, 폭, 깊이
기계공학
유체역학 열역학 기계공학
전기공학 전자공학 전파공학
조선공학

앞서, 선박의 정의를 토대로 목적을 달성하기 위한 기본기능을 간략히 살펴보았다. 지금부터는 각 기본성능을 중심으로 세부성능, 기본요소, 세부요소 및 관련 공학을 기준으로 하여 기능구조분석을 실시한다.

<선박의 부양성능에 관한 기능구조분석도>

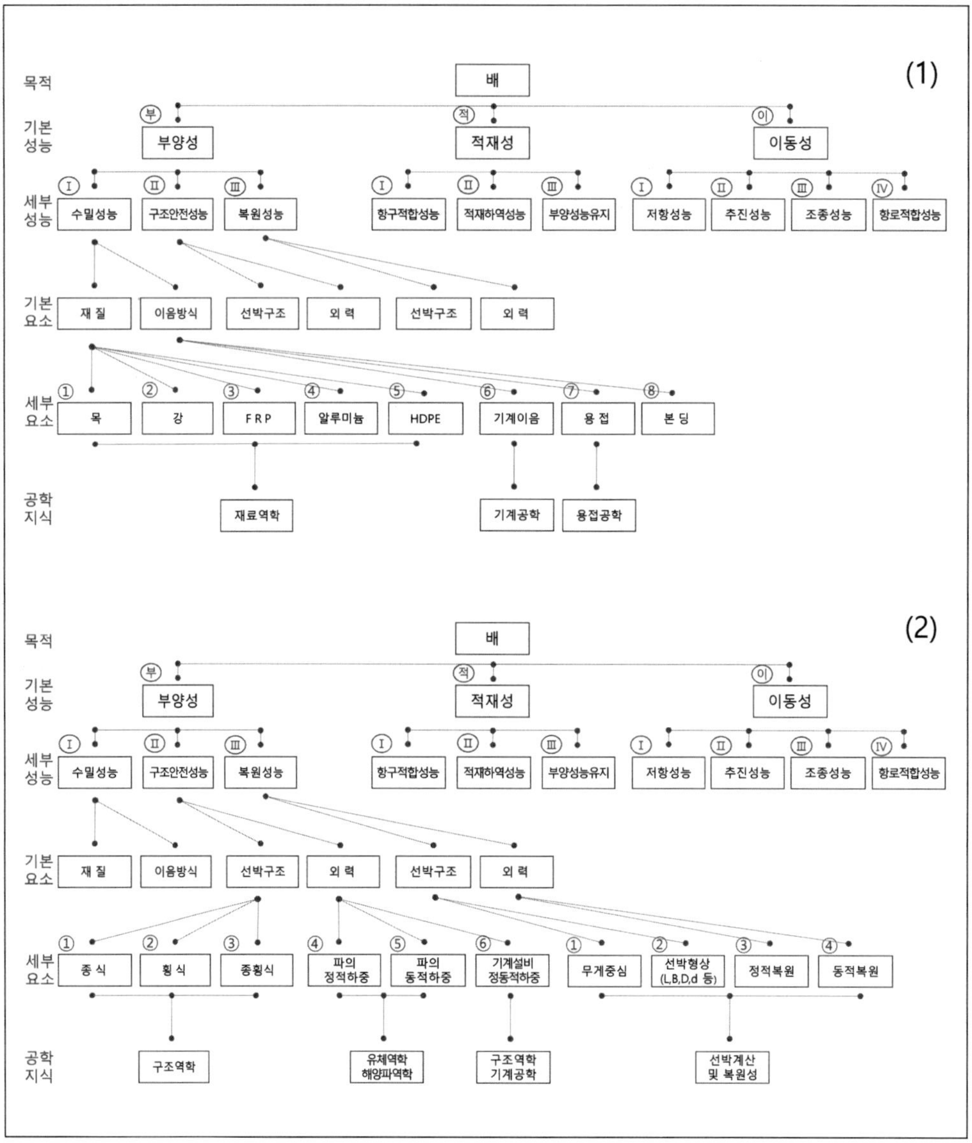

ⓑ**부양성에 대한 세부성능**을 분석한다. 부양성이 구현되기 위해서는 물이 들어오지 않고, 부서지거나 넘어지지 않고 유지될 수 있어야 한다. 이를 간단한 용어로 정리하면 수밀성능, 구조안전성능 및 복원성능이라 할 수 있다.

ⓑ-①**수밀성능에 관한 기본요소**를 분석한다. 수밀성능이 유지되기 위해서는 어떠한 재질을 어떻게 연결하여 수밀이 되게 할 것인가가 핵심이 된다. 이를 재질과 이음 방식으로 규정하기로 한다.

수밀성능의 기본요소별 세부요소 및 관련공학을 정리한다. 재질은 크게 목, 강, 알루미늄, FRP 및 HDPE가 있고, 이음방식은 기계이음(목제의 끼움, 강선의 리벳), 용접(강, 알루미늄 및 HDPE는 용접을 통해 부재를 연결) 및 본딩(FRP적층)이 있다. 이를 이해하기 위해서는 재료역학, 기계공학 및 용접공학에 대한 이해가 필요하다.

ⓑ-Ⅱ**구조안전성능에 관한 기본요소**를 분석한다. 구조적 안전성능이 유지되기 위해서는 해당 선박에 작용하는 외력을 알고, 선박의 구조가 외력을 견딜 수 있도록 해야 한다. 이를 선박구조와 외력이라 규정하기로 한다.

구조안전성능의 기본요소별 세부요소 및 관련공학을 정리한다. 선박의 구조는 크게 종식, 횡식 및 종횡식 구조로 분류할 수 있다. 그리고 외력은 파에 의한 하중과 선박 내부의 기계설비 운용에 의한 하중으로 나눌 수 있다. 파의 하중은 다시 정하중과 동하중으로 구분된다. 정하중은 파(波)중에 선박이 위치함으로써 굽힘을 받는 하중과 정수압 등이 있고, 동하중은 슬래밍과 같이 운항 시 충격에 의한 하중 등이 있다. 기계에 의한 정하중은 기계의 자중이 대표적인 예이며, 동하중은 크레인과 같은 장비를 운용할 경우 발생한다. 액체화물 운송 시 슬로싱에 의한 동하중이 발생한다. 이는 별도의 세부요소로 분류해도 좋고, 화물의 특이성을 감안하여 다른 세부요소의 하위요소로 분류해도 좋다. 관련 공학은 구조역학, 유체역학, 해양파역학 및 기계공학 등이 있다.

[부-Ⅲ]**복원성능에 관한 기본요소**를 분석한다. 복원성능이 유지되기 위해서는 선박의 형상 및 무게중심 등과 연관된 복원력이 횡 동요, 풍압 및 여객이동 등에 의한 외력보다 커야 한다. 편의상 선박구조와 외력으로 규정한다.

복원성능의 기본요소별 세부요소 및 관련공학을 정리한다. 선박구조는 선박의 길이, 폭, 깊이 및 흘수(복원력은 배수량과 복원정의 곱으로 나타나고, 복원정 계산에 포함된 변수는 최종적으로 목표하는 재화중량을 고려하여 길이, 폭, 깊이의 비율과 흘수에 따라 달라짐)에 따른 형상적인 요소와 질량의 분포 즉 무게중심에 의해 제어된다. 외력은 큰 의미에서 보면 선박의 안정상태를 변화시키는 외부 교란을 의미하고, 앞서 설명한 횡 동요 등의 외력 외에도 자유수효과, 물의 밀도 변화 등 다양한 요인이 있다. 따라서 단순히 기울었을 때 복원할 수 있는가에 대한 정적복원과 각종 요인에 따라 횡 동요(선박은 길이가 긴 세장체로써 종방향으로 전복되지는 않는다. 관심대상은 횡 복원력이며, 따라서 동적상태는 횡 동요 상태를 말함) 상태에서도 복원할 수 있는가에 대한 동적복원으로 관점을 정리한다. 관련공학은 선박계산 및 복원성이 있다.

<선박의 적재성능에 관한 기능구조분석도>

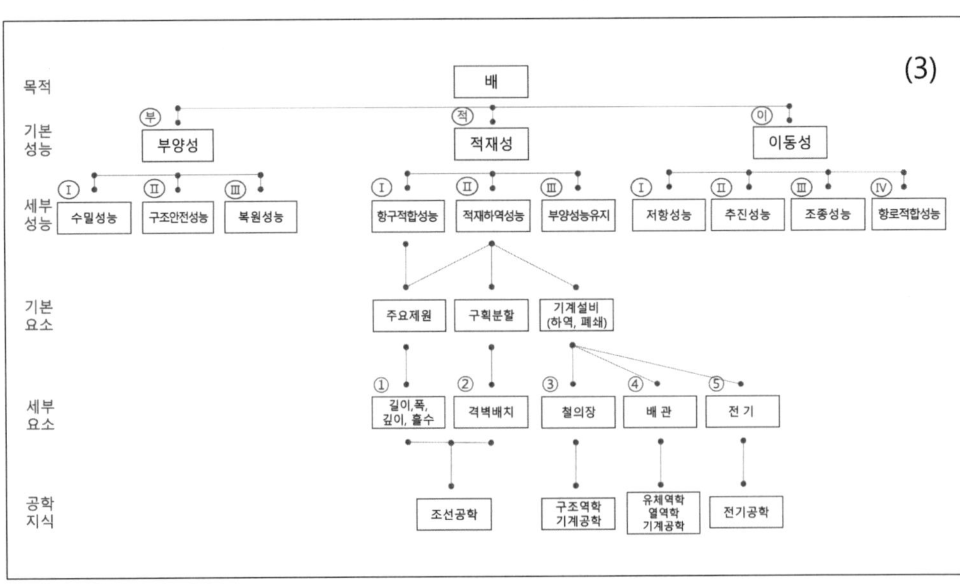

㉨**적재성에 대한 세부성능**을 분석한다. 적재성이 구현되기 위해서는 항구에 접안해서 화물을 선적하고, 그 상태를 안전하게 유지하며 또 다른 항에 접안하여 하역할 수 있어야 한다. 함축적 의미로 다시 정리하면 항구적합성능, 적재·하역성능 및 부양성능이라 할 수 있다. 부양성능은 적재상태에 대한 부양성 유지임으로 자세한 설명은 생략한다.

㉨-Ⓘ**항구적합성능에 관한 기본요소**를 분석한다. 선박은 정의와 같이 사람 또는 화물을 운송할 수 있어야 하고, 시작과 끝은 육상으로 통한다. 즉 계획된 항구에 입항하여 접안할 수 있을 때 비로소 목적을 달성할 수 있다. 항구 호환성능의 의미는 선박의 주요 제원이 계획된 항구에 적합해야 한다는 것이다.

항구적합성능에 관한 기본요소의 세부요소 및 관련공학을 정리한다. 선박의 주요 제원 중 항구 입출항 및 접안에 영향을 주는 요소는 길이, 폭, 깊이 및 흘수에 해당한다. 예를 들면 선폭은 항 내 출입 시 방파제가 있다면 출입이 가능한 폭이어야 하고, 깊이 및 흘수는 항 내 수심에서 운항할 수 있어야 하며, 길이는 항내 운항 및 접안시설에 맞는 규모여야 한다. 관련공학 지식은 조선공학에 해당한다. 엄밀히 말하면 항구와 적합성을 고려한 주요 치수는 공학적 지식이 필요하지는 않으나, 항구와의 적합성은 설계 제약조건으로 작용하여 선박설계 시 고려되는 요소임에 따라 조선공학이 연관된다.

㉨-Ⓘ**적재하역성능에 관한 기본요소**를 분석한다. 선박이 운송을 위해 계획된 항구에 입항이 가능하다고 하면, 화물을 선박에 싣거나 내릴 수 있어야 한다. 그리고 선박은 계획된 일정에 따라 운송할 수 있어야 한다. 운송과정에서 일정을 확보하기 위해서는 적재 및 하역 시 시간을 줄이는 것은 중요한 요소이다. 따라서 적재 및 하역 시에는 가능한 한 기계설비를 통해 자동화하고 능률화하고자 한다. 그리고 이러한 설비는 대상화물에 따라 달라진다. 적재 및 하역 시에 액체화물선은 배관설비를 통해 이루어지고, 컨테이너선은 크레인을 통해서 이루어지며, Ro-Ro선은 Ramp 시설이 요구된다. 조금 더 넓게 적재 및 하역에 관한 기계설비를 살펴보면, 화물창을 관리하거나 안전성을 확보하기 위한 설비부터 운용을 위해 접근을 위한 설비까지 포함될

수 있다. 간단히 예를 들어보면, 유조선의 경우 화물창을 선저에 원유의 원활한 적재 및 하역을 위해 점도를 맞추기 위한 Heating system이 설치되며, 운용의 효율을 높이기 위한 화물창 세정설비인 COW(Crude oil washing) system이 적용된다. 안전에 관한 설비로 화물창 내 화재를 고려한 소화설비가 추가된다. 그리고 이러한 장비의 운용 및 유지관리를 위해서는 접근을 위한 교통장치(Door, Ladder 및 Handrail 등)가 필요하다. 여기서 System, 설비 혹은 장치라고 설명된 것들이 움직임을 동반하는 경우, 전력 또는 유공압 등을 활용하기 때문에 기계, 전기 및 유공압으로 내용은 더욱 확장된다. 조선 산업이 종합산업인 이유가 여기에서 확인된다. 기계설비와 더불어 적재 및 하역 성능과 관련된 다른 기본 요소는 선박 내 구획 분할이다. 선박이 항구에 입항하고, 효율적으로 선적할 수 있는 장비가 갖춰졌다면, 계획된 한 항차당 화물을 선박에 실을 수 있는 공간이 확보되어 있어야 한다는 의미다. 정리하면 적재 및 하역 성능과 관련된 기본요소는 기계설비와 선박 내 구획분할이다.

적재하역성능에 관한 기본요소별 세부요소 및 관련공학을 정리한다. 주요 제원과 구획분할은 선박의 길이, 폭, 깊이, 흘수, 재화중량을 고려한 구획분할 등이 해당한다. 사실상의 조선공학에서 기본설계에 해당하는 부분이다. 주의할 사항은 뒷부분에서 설명하겠지만 이러한 주요 제원 등은 이동성을 달성하기 위한 세부요소와 중복 되며, 각 기능의 목적을 달성하기 위한 조건이 상충한다. 각각의 기능을 달성하기 위해 설계변수를 결정하는 과정에서 충돌문제가 발생하는 것이다. 선박설계는 이러한 충돌문제를 해결해가는 과정이라 할 수 있다. 충돌 문제에 대해서는 이동성에서 다시 다루기로 한다. 또 다른 기본요소인 기계설비는 기계공학의 영역에 해당한다. 조선공학은 집을 짓는 것이고, 기계설비는 집 안의 각종 설비에서 소품에 이르는 것을 설치하는 것이라 할 수 있다. 각각의 기계설비는 System으로 불릴 만큼 독립적인 기능을 갖는다. 일반적으로 동력원으로써의 전기, 동력 전달을 위한 전기 또는 배관(유공압) 및 실제 운동을 만들어내는 기계부분으로 구성된다. 기계설비로 한정하여 표현하기도 했으나, 고정되어 있는 의장품 역시 넓은 의미해서는 포함될 수 있다. 예를 들면 교통 장치는 Traffic system으로 선원이 해당구역을 안전하고 편하게 접근할 수 있어야 한다. 그래서 사고를 고려하여 2개의 수단을 준비하고 최대한 멀리 떨어져 배치 하며, 가급적 편리를 위해 경사사다리를 사용한다. 적재 및 하역을 위해 선원의 접근이 필요한 경우, 안전하고 편안한 접근을 위해 의장품을 효율적으로 배치하는 것 역시 넓은 의미에서 기계설비의 요소에 포함된다. 세부적인 관련 학문은 조선공학, 구조역학, 기계공학, 유체역학, 열역학 및 전기공학이 있다.

<선박의 이동성능에 관한 기능구조분석도>

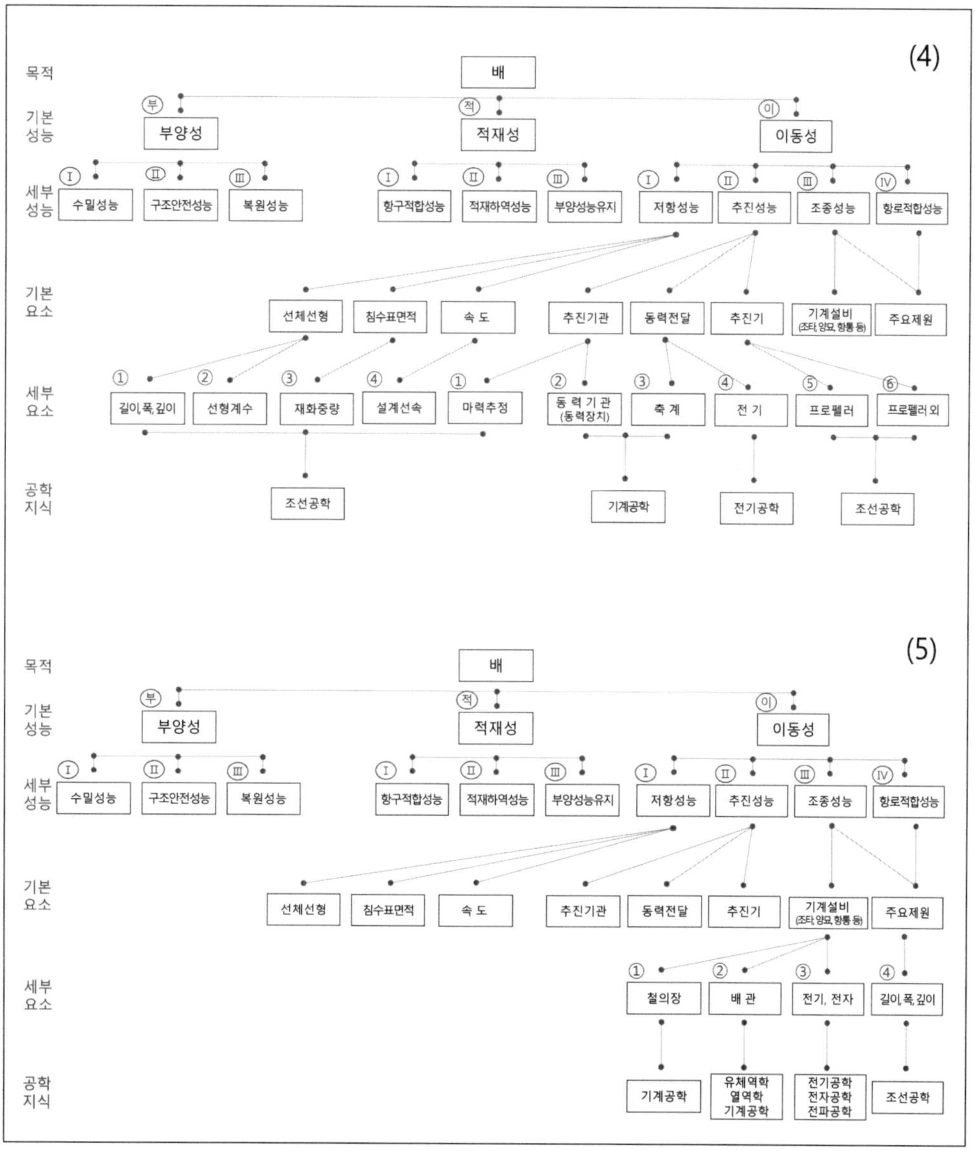

[이]**이동성에 대한 세부성능**을 분석한다. 이동성은 선박이 화물을 선적하고 예정된 출항지에서 목적지까지 이동할 수 있어야 한다. 조금 더 정확하게 말하면 예정된 기간 내에 이동할 수 있어야 한다. 이러한 목적을 달성하기 위해서는 계획된 선속으로 선박을 운항할 때, 수상에서 발생하는 저항을 알아야 하고 추정된 저항보다 큰 추진성능을 갖출 수 있어야 한다. 그리고 원하는 항로에 따라 선박을 조종할 수 있어야 한다. 만약, 계획된 항로가 운하를 지나게 된다면 운하를 통과할 수 있는 규모여야 한다. 이동성에 관한 세부성능을 요약하여, 저항성능, 추진성능, 조종성능 및 항로적합성능으로 규정한다.

[이-①]**저항성능에 관한 기본요소**를 분석한다. 선박의 저항은 크게 공기에 의한 저항과 물에 의한 저항으로 나뉜다. 물의 밀도가 공기의 밀도보다 1,000배 크기 때문에 물에 의한 저항에 집중한다(고속선에서는 공기저항이 중요한 요소가 된다). 물에 의한 저항은 크게 물의 점성에 따라 발생하는 마찰저항과 선체 표면에 붙어있던 유체 입자가 박리되면서 선수와 선미의 압력차에 의해 발생하는 형상저항 그리고 자유 수면에서 파의 발생(에너지 손실)에 따른 조파저항으로 합으로 구성되며 이는 선속에 따라 비율이 달라진다. 선박의 저항에 영향을 주는 요소를 살펴보자. 첫째는 선체가 어떤 외형을 갖추었는지(흔히들 말하는 물을 잘 가르게 생겼는지) 선체 선형에 영향을 받는다(형상저항과 조파저항에 영향을 미침). 다음은 침수표면적이 있다. 물은 점성을 가지고 있기 때문에 수중에서 이동하는 경우 마찰저항이 발생하며, 이를 줄이기 위해서는 물과의 접촉 상태를 바꾸지 않는 한 침수표면적을 줄여야 한다(선체 표면에 공기를 분사하여 접촉상태를 개선하기도 하며 관련된 설비로 개념을 확장할 수 있으나 기본적인 체계에 집중한다). 그리고 동일한 선형에 동일한 침수표면적이라 할지라도 움직이는 속도에 따라 달라지기 때문에 선속이 마지막 요소가 된다.

저항성능에 관한 기본요소별 세부요소 및 관련공학을 정리한다. 선체선형을 가장 손쉽게 표현할 수 있는 방법은 주요 제원(길이, 폭 및 깊이)과 선형계수(방형계수, 주형계수, 연직주형계수, 중앙횡단면계수 및 수선면계수)이다. 즉, 선박을 직육면체의 공간에 놓았을 때, 해당공간 대비 선박의 용적이 얼마나 차지하는지, 각 단면에서 얼마의 면적을 차지하는지를 표현하여 선형을 나타내는 것이다.

이렇게 외형인 선체선형이 결정되면 침수표면적을 결정하는 것은 재화중량이 된다. 화물을 많이 실을수록 선박은 많이 가라앉게 되고 침수표면적은 커지게 된다. 그리고 속도는 계획된 화물을 목표 일정 안에 운송하기 위한 선속을 만족해야 한다. 관련학문은 조선공학에 해당한다.

절점(Node)에서 발생하는 충돌문제를 설명한다. 저항성능의 세부요소에는 주요 제원이 포함된다. 그리고 앞서 설명한 바와 같이 부양성과 적재성의 세부요소에서도 주요 제원이 포함되어 있어 충돌문제를 일으킨다. 기본기능을 중심으로 가장 손쉬운 예를 들어보면 선폭이 증가하면 부양성(복원성능) 측면에서 유리하지만, 일반적으로 이동성(저항성능) 측면에서 저하되는 경향을 보인다(자세한 내용은 '선박의 부양성능', '선박의 적재성능' 및 '선박의 이동성능'편에 수록된 선박기본설계 중 주요목에 따른 성능변화를 참고한다). 이러한 상황을 해결하기 위해 최적의 절충안을 찾기 위한 방법으로 여러 가지 최적설계 기법을 도입하여 활용한다(이 부분에서 기능구조분석의 강점을 찾을 수 있다. 대상의 체계적인 이해뿐만 아니라 변수가 전체 목적기능에 미치는 영향을 손쉽게 파악하여 변형하거나 외부 변수가 발생하였을 때 그 영향을 예측할 수 있다).

㉧-Ⅱ**추진성능에 관한 기본요소**를 분석한다. 추진성능을 구현하기 위해서는 에너지원의 동력전환에서 추진력 발생까지 흐름을 이해해야 한다. 개념화된 흐름은 에너지원을 일로 전환하고 전환된 일을 추진기까지 전달하며, 추진기를 통해 최종 추력을 발생시킨다. 예를 들어보면 에너지원의 동력으로 전환은 증기기관(보일러를 통해 증기를 생산하고 터빈을 회전), 디젤기관, 가솔린기관(연료의 폭발력을 실린더의 왕복운동으로 다시 커넥팅 로드를 통한 회전운동으로 전환) 등으로 이루어지고, 발생한 동력(회전력)은 축(Shaft)을 통해 추진기로 전달된다. 추진기는 전달받은 동력을 이용하여 실제 추력을 발생시키며, 대표적인 예로 프로펠러, 보이슈나이더 및 워터젯 등이 있다. 수중에서 프로펠러가 고속으로 회전할 경우 케비테이션에 의한 문제가 발생하기 때문에 가급적 대직경 저회전으로 프로펠러가 작동될 수 있도록 하기 위해 감속기를 두기도 한다. 큰 개념에서 중요한 기본요소는 추진기관, 동력전달 및 추진기로 구성된다.

추진성능에 관한 기본요소별 세부요소 및 관련공학을 정리한다. 추진기관의 세부요소는 여러 가지로 구성될 수 있으나, 선박에 있어 핵심요소는 마력의 추정이다. 풀어서 말하면 추진기관(동력장치)은 기존에 개발된 제품을 적용하면 되기 때문에 어떤 용량의 추진기관을 사용할 것인지가 핵심이 되는 것이다. 그리고 몇 마력에 해당하는 추진기관을 사용할 것인가는 앞서 저항성능에서 저항을 추정함으로써 구했다. 동력전달은 통상 축(Shaft)의 회전을 통해 전달한다. 축은 기관실의 조건에 따라 다양하게 구성되나, 핵심요소는 추진축, 선미관축 및 추력축에 해당한다. 추진축은 프로펠러에 연결된 축이며, 선미관축은 축이 선체를 관통하면서도 수밀이 유지되도록 한다. 그리고 추력축은 프로펠러, 추진축 및 선미관축을 통해 전달된 추력을 선체에 전달하는 역할을 한다. 만약 추력축이 없이 추진기관의 커넥팅 로드와 연결된 축과 바로 연결된다면, 추력에 의해서 축이 추진기관으로부터 이탈된다. 실제 추력을 발생시키는 추진기는 다양한 것이 개발되어 있으나 가장 효율이 좋은 것은 프로펠러이다(자세한 내용은 '선박의 이동성능' 편에 수록된 추진기의 기본 개념을 참고한다). 관련학문은 조선공학, 기계공학 및 전기공학 등이 있다.

㉯-Ⅲ**조종성능에 관한 기본요소**를 분석한다. 선박을 안전하고 원하는 상태로 조종하기 위해서는 일정 수준 이상의 조종성능을 만족해야 한다. 풀어서 말하면 긴급으로 정지하고자 할 때, 최소한 얼마의 제동거리가 발생하는지(긴급정지)와 선회를 할 때 어느 만큼의 회전반경이 필요한지(선회성)를 알고 있어야 하고, 원하는 방향으로 침로를 유지(보침성)하고 원활한 변침(변침성)이 가능해야 한다. 그리고 필요시 해상의 한 곳에 머물 수 있어야 하며, 항구에 입항했을 때 안전하게 접안도 할 수 있어야 한다. 지금까지 선박의 외형을 갖추고 이동하기 위한 추진기가 설치된 상태라면, 선박을 원하는 상태로 조종하기 위한 여러 기계설비가 추가되는 개념이다.

조종성능에 관한 기본요소별 세부요소 및 관련공학을 정리한다. 조종성능을 구현하기 위해 필요한 세부요소는 매우 많다. 넓은 의미에서 예를 들면, 목표한 항로에 따라 안전하게 운항하기 위해 다른 선박 혹은 육상과 교신을 위한 항해통신 설비와 원활한 조종을 위해 선원을 위한 편의설비 등 다양한 경우를 생각할 수 있다. 하지만 선박의 움직임과 직접적인 연관을 갖는 기계설비에 집중한다. 주요 설비로는 선박의 방향을 바꿀 수 있는 조타설비, 해상에서 정박하거나 긴급정지 및 선회 등을 위한 계선설비, 그리고 항 내에서 필요한 계류설비 및 조향설비(Thruster 등)를 들 수 있다. 해당 장비는 앞서 적재 및 하역을 위한 기계설비에서 설명된 바와 같이 독립된 기능을 갖는 System으로, 해당 기능을 실현하기 위해 기계(철의장), 배관 및 전기 Part를 조합한다. 관련학문은 기계공학, 유체역학, 열역학 및 전기공학 등이 있다.

(이)-(Ⅳ)**항로적합성능에 관한 기본요소**를 분석한다. 항로적합성능의 개념은 항구적합성능과 같은 개념이다. 항로상에 선박의 제원에 영향을 주는 요소가 있는지 파악하는 것이다. 그것은 대부분이 항로상에 운하가 존재하는지 여부가 된다. 특별한 경우로는 북극항로를 지나는 경우 쇄빙능력(쇄빙선은 쇄빙을 고려하여 설계하지만 가급적 쇄빙이 발생하는 경로를 피하여 운항하고, 유빙에 대비한다)을 고려한 주요 제원의 선정이 필요하다.

항로적합성능에 관한 기본요소의 세부요소 및 관련공학을 정리한다. 앞서 설명한 바와 같이 대부분의 항로적합성능에 관한 검토는 운하 통과 여부이다. 따라서 세부요소는 운하를 통과한다면, 해당 운하를 이용할 수 있는 길이, 폭, 깊이 및 흘수를 갖추었는가에 해당한다. 역시 이 부분은 선박설계 측면에서 제약조건으로 작용된다. 항구 적합성능에서와 같이 항로적합성능에 따른 주요 제원의 도출은 제약조건일 뿐이나 주요 제원이 다른 성능과 연관되어 있기 때문에 관련학문으로 조선공학에 대한 이해가 필요하다.

감사의 글 / 에필로그

감사의 글

이 책을 쓰면서, 선박 관련 분야가 얼마나 방대한지 다시금 느낄 수 있었다. 이 책의 착상과 구성은 선박 관련 각 분야에서 앞서 출간된 많은 책들의 도움을 받았다. 각 권에 참고문헌으로 정리된 좋은 책들의 저자분들께 감사드린다. 그리고 아직 다듬어지지 못한 부분들은 더 매끄럽게 보완할 계획이다.

지난 일 년간 이 책을 집필할 수 있도록 함께 고민하고 배려해준 아내와 아이들에게 감사한 마음과 미안한 마음이 앞선다. 그리고 항상 올바른 방향으로 아낌없는 지지를 해주시는 양가 부모님과 가족들에게도 존경의 말씀을 올린다.

그리고 이 책을 집필하는 데 필요한 글쓰기와 제도에 관해 배움을 주신 현 직장 선후배분들께 감사의 말씀을 드린다. 그리고 조선산업에 관한 실무적 지식과 공학적 이론을 쌓게 해주신 전 직장 선후배분들에게도 감사한 마음을 잊지 않고 함께 한다.

끝으로 늘 마음 한쪽에 있던 집필을 시작할 수 있도록 동기를 유발해 주시고, 책으로 출간하기까지 지도해주신 K 교수님께 더 없는 존경과 감사의 말씀을 올린다.

이 책이 선박 또는 조선에 관해 지적 갈증이 있는 분들에게 조금이나마 도움이 되기를 기대하며, 책을 마친다.

에필로그

돌이켜 보면 선박의 기능구조분석에 대한 관심은 군대를 전역하고 복학하면서 시작되었다. 수강과목에 "선박계산"이 있었는데, 채점방식이 특이했다. 문제를 푸는 과정은 보는 법이 없이, 계산된 결괏값만 확인했다. 그래서 그 과목은 시험을 치자마자 채점 결과가 공시되었다. 그 과목의 명성에 대비해서 나는 나름대로 열심히 하고, 또 집중해서 그 과목을 공부했다. 그런데 첫 시험의 결과는 그냥 0점이었다. 그때 처음으로 핵심을 놓치고, 초점을 맞추지 못하면 어떤 결과가 나타나는지 실감했다. 그리고 한 과목이 아니라 배우는 모든 것들이 목적에 맞게 기능적으로 연결되지 못하면 같은 결과가 나타나게 될 것이라는 생각이 들었다.

좌우간 졸업은 모든 과목에서 쓸 만한 성적으로 했다. 그런데 여전히 뭔가가 투명하지 않았다. 선박은 어떻게 쓰이는데? 왜 공부하지?라는 거시적 관점을 내가 모르고 있다는 것을 알게 되었다. 매 학기 배우는 것이 구슬이라면 그것을 꿰는 실을 알지 못했다. 실이 없으니 구슬은 목걸이가 되지 못하는 상황이었고, 그렇다면 구슬이라도 잊기 전에 정리해보자는 마음에 책을 쓰기 시작했다. 마지막 학기가 되기 전의 방학이었고, 쓰기 시작한 지 3일째에 포기했다. 나 스스로 무엇을 써야 하는지 분명하지 않았다.

복학 후 미래에 대한 불안은 조선업 불황이라는 현실로 다가왔지만, 다행히 조선소에 취직할 수 있었다. 조선소에 가면 구슬을 꿸 실을 찾을 수 있을 것이라 생각했다. 하지만 조선소는 거대했고, 개인은 거대한 조직의 한 요소로서 각 분야에 Specialist로 육성되어 졌다. 마음이 답답했다. 선박에 대해서 몇 년을 공부했고, 설계도 하고 있지만 아는 것 같으면서도 모르니 참으로 혼란스러웠다. 그래서 담당 분야부터 파기 시작했다(나는 학습을 땅파기에 자주 비유한다). 담당 분야를 힘껏 파고 나니, 다른 분야를 같이 파지 않고서는 더 깊게 들어갈 수 없음을 알게 되었다. 그래서 옆을 파기 시작했다. 다른 분야가 눈에 보일만 하니 Rule&Reg.이 눈앞에 나타났다. Rule&Reg.은 설계 시 제약조건으로 반드시 만족해야 하는 것인데, 도대체 그 범위와 정도는 어떻게 정해지는 것인가? 하는 생각이 들었다. 그리고 우연한 기회에 Rule&Reg.을 다루는 현 직장으로 옮기게 되었다. 그렇게 몇 년이 흘렀고, 언젠가는 내 생각을 책으로 써야지 하고 묻어 둔 것을 “지금 시작해라!”는 어떤 분의 말씀이 기폭제가 되어 이 책을 쓰기 시작했다.

다시 생각해 보면 왜 선박에 관한 의문들이 속 시원하게 정리되지 않았을까 하는 생각이 든다. 그 이유는 조선이 종합산업으로 넓은 분야를 다루고 있음에도 불구하고, 효율적인 분석 체계를 몰랐기 때문이다. 따라서 기능구조분석이란 수단을 통해 선박의 체계를 분석했다. 그리고 그 내용을 첫 권인 “기능구조분석에 기반한 선박의 이해”에 담았다. 기능구조분석은 구슬을 꿰는 실과도 같고 선박이라는 집이 어떤 방으로 채워졌는지 살펴보는 것과도 같다.

기능구조분석을 통해 선박을 이해했다면, 어떻게 각 세부기능들이 실현되고 다시 그 기능들이 조합되어 선박의 목적을 달성하는지 답을 찾을 수 있다. 이것을 설명하고 있는 것이 “선박의 부양성능”, “선박의 적재성능” 그리고 “선박의 이동성능” 세 권의 책이다. 각 권은 선박의 각 성능이 발현되기 위해서 어떻게 설계되는지 설명하고 있고, 부록에서는 그것을 이해하기 위해 필요한 공학-과학-수학에 관한 내용을 다루고 있다. 첫 권인 “선박의 이해”가 집을 설명한다면, 다른 세 권은 집안에서 각 방으로 찾아가는 길을 안내하고 그 방이 어떤 방인지를 설명하고 있는 것과도 같다.

많은 공학도가 조선소에 입사할 때 방대한 업무영역에 압도되어 어느 부서에 지원해야 할지 막막해한다. 이것은 호황기든 불황기든 변함없이 조선공학도들이 직면하는 어려움일 것이다. 이러한 고민에 도움이 될 수 있도록 조선소의 업무 구성에 대한 내용도 부록에 함께 넣었다. 그리고 선박 관련 실무자 중에서는 다양한 자격증 취득에 관심을 갖는 분들이 많다. 그분들께도 도움이 되고자 본인의 기술사 취득 경험도 소개했다. 그

러면서, 저자가 최근 몇 년간 일해온 어선과 관련하여, 조선과 검사라는 측면에서 산업적 가치에 대한 예측도 적었다.

선박이 어떻게 쓰이지?라는 물음에 대한 답은 사람 또는 화물을 계획된 일정에 따라 안전하게 운송할 수 있는 수상 구조물이라는 정의에 잘 응축되어 있다. 그렇다면, 왜 공부하지?에 대한 물음이 남는다. 왜 공부하지라는 것은 이 책의 범위를 초월하는 매우 근본적인 물음이다. 하지만 그 물음은 선박을 포함한 모든 대상과의 만남에서도 나타난다. 나 역시도 그분께 배운 것이지만 공부는 미래를 예측하기 위해서 한다. 이것은 어떤 공부를 하더라도 시간이 지날수록 분명해지는 사실이다. 이 책은 선박이라는 대상에 대한 기능구조분석을 다루고 있다. 이 책을 통해서 또 왜 공부하는가에 대한 근본적인 물음을 환기할 기회를 갖기를 바란다.

기능구조분석에 기반한

선박의 이해

초판 인쇄	2022년 4월 25일
초판 발행	2022년 5월 9일
저자	문 상 원
표지·내지 디자인	배 영 미
내지 편집	박 지 현
펴낸이	차 정 인
펴낸곳	부산대학교 출판문화원
출판등록	제1983-000001호 1983. 11. 10.
주소	부산광역시 금정구 부산대학로63번길 2
전화	(051) 510-1932, 1933
전송	(051) 512-7812
메일	pnupress@pusan.ac.kr
홈페이지	http://press.pusan.ac.kr

* 잘못된 책은 구입처에서 교환해 드립니다.

정가 15,000원

ISBN 978-89-7316-743-2 93530